貓咪
這樣生活好幸福

監修
茂木千惠（獸醫師）
荒川真希（動物護理師）

前言

貓咪是一種極為敏感的動物。

牠們會察覺到日常生活中的小變化，一些意想不到的事情可能會造成牠們的壓力，但也可能讓牠們感到無比好奇。

飼主也是貓咪眼中覺得有趣的對象，牠們會一直在觀察主人的樣子，有時會發現飼主今天的心情還不錯，有時又會思考該怎麼讓飼主陪自己玩耍等等。

貓咪是如此地纖細敏感，所以飼主平時一定要多多關心貓咪的狀況，打造一個可以讓貓咪安心生活的環境，守護牠們的身心健康。除此之外，飼主每一天與貓咪的相處與接觸，同樣也非常重要。

希望飼主都可以多多陪伴貓咪，這樣才可以馬上發現貓咪是否有不尋常的地方，或是有什麼需求。

這本書根據最新的研究與資訊，將關於貓咪的身心、生活、與飼主的溝通交流等內容，寫成這本《貓咪這樣生活好幸福》。

這本書的內容，都是我們希望各位飼主可以實踐的事情，這是為了讓貓咪擁有健全的身心，也是為了讓各位飼主都成為貓咪所喜歡的人。

衷心地祝福各位讀者的貓咪，能過上舒適又愜意的每一天。

茂木千惠
荒川真希

前言 2

1章 貓咪身體健康的祕訣

2章 貓咪心理健全的祕訣

4章 貓咪生活舒適的祕訣

小專欄

1
章

貓咪身體
健康的祕訣

睡眠、飲食、水分、運動、排泄、清理身體、疾病……。
讓貓咪活得健康又長壽的重要必備資訊，通通都在這個章節。
還有關於自律神經、免疫、新冠肺炎、東洋醫學等等，
各種讓人感興趣的話題。

確保貓咪在白天也有能高枕無憂的睡覺場所

成貓一天的睡眠時間大約是十四個小時，幼貓大約是二十個小時。貓咪一整天有大半的時間都在睡覺中度過，不過牠們在睡覺時並不是一直都呼呼大睡，而是有點昏昏欲睡的半睡半醒狀態。貓咪在野外生活時，並不曉得獵物會在什麼時候出現，睡得太熟的話，就會讓獵物溜走。而人類飼養的家貓依然保有這樣的習性，所以睡覺時才會是半睡半醒的狀態。

因此，對於貓咪而言，睡眠的「品質比時間長度」更重要。所以貓咪就算沒有熟睡也沒關係，只要牠們可以懶洋洋地休息，那就沒問題了。

貓咪原本就屬於在清晨與黃昏時比較活躍的「晨昏性」動物。貓咪跟著人類一起生活，在一定的程度上會配合飼主的生活規律，但牠們還是會習慣在白天睡覺。除了清晨與傍晚這段時間，白天的其他時間就讓貓咪舒服地睡個好覺吧。

想讓貓咪睡得好，給牠們一個能夠放心睡覺的地方也是很重要的。貓咪的習性就是要爬到高處俯瞰與監視四周的情況，才會讓覺得放心，所以飼主如果也能在家裡的高處設置一個讓貓咪睡覺的地方，想必貓咪應該會很喜歡吧。

睡眠

睡眠時間長或短都無所謂，貓咪覺得ＯＫ就行了

就像有些人會說：「我最少一定要睡足〇個小時才可以。」每個人認為自己所需的睡眠時間都不一樣。我們人類在睡眠這件事上就分為兩種類型，一種是沒被鬧鐘或其他人叫醒的話，就可以一直睡下去的長時間睡眠者；另一種則是正相反的短時間睡眠者，這類型的人就算只睡一小段時間，依然可以精神飽滿。

貓咪在這件事上跟人類是一樣的，睡眠時間的長短也會因為個體差異而有所不同。有些貓咪在睡覺時，就算旁邊傳來聲響或動靜，牠們還是可以淡定地繼續睡覺；有些貓咪就算只是聽到一點小聲音，也會立刻清醒過來。貓咪天生的個性以及成長的環境，都會造就不同的睡眠習慣。

假如貓咪不會因為睡不著造成壓力，也沒有出現心情不好或身體不適等等的情況，那麼就算貓咪的睡眠時間跟其他隻貓咪不一樣，飼主也不用太過擔心。

了解貓咪睡眠不足的原因

只要貓咪的身體狀況與情緒沒問題，就算牠們睡得少也無所謂。不過，要是發現貓咪有以下這些狀況，就要想一想是不是牠們需要的睡眠時間不夠充足。

- 肉球容易出汗，汗水多到足以留下腳印。
- 多喝多尿。
- 半夜會四處亂跑，甚至因此干擾到飼主的作息。
- 一直發出哈氣聲，或是用力呼吸。

假如貓咪出現這些情況，而且睡眠時間也很短的話，或許可以到動物醫院向獸醫師諮詢。

如同左頁介紹的內容一樣，造成貓咪睡眠不足的原因有很多種。有時睡眠不足也可能是因為壓力或身體不舒服造成的，所以最重要的就是及早鎖定真正的原因，並採取應對措施。

造成貓咪睡眠不足的主要原因

發情期太過亢奮

春天是貓咪的發情期，許多貓咪一進入發情期，都會變得很亢奮。就算是養在家裡的貓，也會對於外面貓咪的叫聲產生反應，或是感覺到發情期的母貓從窗外傳來的費洛蒙，而導致牠們睡眠不足。這樣的情況也可以透過結紮手術（P72）來改善。

在意聲響或動靜

貓咪的聽覺很敏銳，許多人類察覺不到的聲音，也都會讓貓咪有所反應。尤其是對金屬聲、紙張或塑膠袋發出的沙沙聲等高音，貓咪會特別敏感。所以，當貓咪在睡覺的時候，記得別發出這些聲音。若是從小就讓貓咪習慣各式各樣的聲音，長大之後就不會那麼敏感（參考P98～99「社會化」）。

身體不舒服

貓咪若因為生病或受傷，導致身體某處疼痛或不舒服的時候，就會無法放鬆地休息與睡覺。愈來愈多的貓咪因為花粉症造成鼻塞、呼吸不順，也有高齡貓因為心臟疾病造成肺部積水、呼吸困難等等，以上這些因素都會讓貓咪睡眠不足。當貓咪靜靜地待著，而且看起來很不舒服的話，就要立刻帶去動物醫院。

覺得有壓力

當貓咪沒有能放心睡覺的地方時，牠們就會因為壓力造成睡眠不足。不只如此，飼主還要確保房間的環境是否適合貓咪睡覺，包括房間內的溫度、溼度、音量等等，若是同時飼養多隻貓咪的話，也要確保每隻貓咪都有足夠的睡覺空間。有些飼主會去逗弄在白天睡覺的貓咪，但就貓咪的立場而言，想睡覺的時候被人打擾，是一件讓牠們覺得很有壓力的事情。

想要調整好自律神經，就要保持規律的睡眠

大家都知道，想要改善自律神經的話，就必須保持適當的睡眠。貓咪也是一樣，睡眠不足的話，不僅會打亂自律神經，還會影響腦神經的正常發育，造成腦神經發育遲緩。一旦影響自律神經與腦神經，就會造成各種問題，例如：對聲音過於敏感，無法保持穩定與冷靜等等。

想要調整好貓咪的自律神經，當然就是要確保貓咪有充足的睡眠時間，而作息規律的生活、適當的飲食管理、貓咪與飼主之間的良好溝通等等，都很重要。若疏忽了以上這些重點，身體的自律神經就會失調，引起身體不適。

另外，針灸或穴道按摩（P80～82）也可以幫助貓咪調整自律神經，有益放鬆身心。

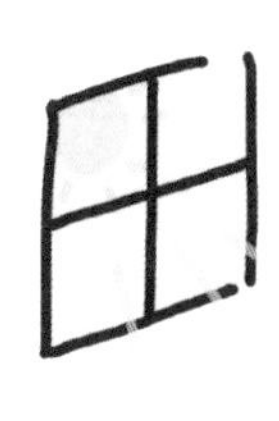

睡眠

讓貓咪曬曬日光浴，才能調整牠們的生理時鐘

貓咪跟人類一樣，必須把體內的生理時鐘調整好，建立規律的生活作息。早上起床拉開窗簾，讓陽光照進室內，然後讓貓咪也跟著飼主一起做個10～15分鐘左右的日光浴，一定會很不錯吧。曬一曬太陽，就可以調整體內的生理時鐘。如果是陰天或下雨天的早上，一樣可以把窗簾拉開，讓貓咪在窗邊待1個小時左右，還是很不錯的。

另外，曬太陽會讓身體分泌腦內的神經傳導物質「血清素」，讓貓咪感到安心與幸福。而且血清素也是合成「褪黑激素」的原料，褪黑激素能讓貓咪在晚上睡得安穩舒適，所以血清素對於睡眠而言也是相當重要的。

貓咪在白天睡覺時，其實飼主不需要特地將房間弄暗。相反地，貓咪們還會自己跑到曬得到太陽的窗邊，舒舒服服地睡個好覺呢。不過，晚上的時候就必須模擬自然的光線，降低房間的亮度，以區隔出日夜的光線差異。

增加睡窩的選擇，提高貓咪的滿足度

睡窩的數量

記得睡窩的數量要比貓咪的數量多，也不要全部放在同一個房間裡，分別放在貓咪出入的各個房間裡會更好。

睡窩的放置地點

讓貓咪可以根據牠們的心情選擇牠們想要睡覺的地點，像是地板上、高高的地方、窗邊等等，牠們就會覺得更滿足。還要避開人類的生活動線，這樣貓咪才可以安心入睡。

貓咪若經常在某些地方出沒，就代表牠們很喜歡那些地方，是擺放睡窩的最佳選擇。

睡窩的形狀與材質

貓咪的睡窩有許多形狀，也分為許多材質。就貓咪的習性而言，當牠們把自己捲成一團睡覺時，可以環抱住整個身體，讓牠們感覺起來特別安心的圓形睡窩，是貓咪們最喜歡的睡窩形狀。

睡窩以柔軟的布製材質為佳，但要小心別讓貓咪吸吮或不小心吃到肚子裡。有些貓咪可能會為了抒發壓力，或把睡窩當成母貓來撒嬌，像喝奶一樣一直吸吮。如果是毛巾等比較容易撕破的材質，容易被貓咪不小心吃進肚子，有引起腸阻塞的風險。購買睡窩時記得

讓貓咪習慣被毛巾或毯子裹起來

有些貓咪很喜歡躺在毯子上，卻不喜歡被毯子蓋住或裹住身體。但如果飼主在貓咪還小的時候就用毛巾或毯子跟牠們玩遊戲，讓牠們知道就算被毛巾或毯子裹住身體也不用緊張，想必也是一件好事。

貓咪不會抗拒被人用毛巾包裹住的話，就可以在治療時用毛巾固定住貓咪，讓牠們不會亂動，以確保安全。

要選擇超細纖維或刷毛等不易破裂的材質，這樣才能夠放心。

睡窩的保暖度

天氣寒冷時，把熱水袋或是寵物專用電熱毯放在貓咪的睡窩裡，就可以替貓咪禦寒，但要記得別把這些保暖工具鋪滿整個睡窩。另外，有些貓咪也會直接睡在地暖地板或電熱地毯上，所以飼主要記得別把溫度設定太高，才不會害貓咪低溫灼傷。飼主必須讓貓咪可以自由活動，這樣牠們喜歡哪個地方的溫度，就能自行移動到那些地方。

要不要一起睡覺，請交給貓咪決定

跟貓咪一起睡覺，應該是飼主們最幸福的一段時光吧。不過，有時飼主雖然想跟貓咪一起睡覺，貓咪卻未必想要這麼做。飼主硬是把貓咪抱到床上等等，可是會被貓咪討厭的。**貓咪要在哪邊睡覺，請交給牠們自己決定。**

貓咪之前一直都跟飼主睡覺，忽然有一天卻不再靠近飼主睡覺的地方，像這樣的情況也不是沒發生過。貓咪拒絕再跟飼主一起睡覺，說不定就是曾經發生了什麼事情，例如：飼主在睡夢中翻身，結果壓住了貓咪，造成貓咪的心理創傷等等。假如飼主希望貓咪再次回到自己的身旁睡覺，那就要努力想辦法治好貓咪的心理創傷（亦可參考P118），例如：可以在床上餵貓咪吃零食，讓牠們覺得床上是個好地方等等。

跟收養的流浪貓一起睡

column

可以經由動物傳染給人類，或由人類傳染給動物的「人畜共通傳染病」有非常多種類，其中有些傳染病也會經由貓咪傳染給人類。貓咪從小就完全養在室內的話，基本上飼主不需要特別擔心，但如果是收養原本在外流浪的貓咪，貓咪身上可能帶有這些傳染病，睡在一起就會增加被感染的風險，所以一定要先帶貓咪到動物醫院檢查與治療。

睡眠

睡覺時不願意橫躺的話，一定要留意

這個姿勢稱為折手坐。由於前腳往內折在身體底下，沒辦法立刻起身逃跑，本來是貓咪覺得放心的時候才會出現的姿勢。

貓咪的睡姿有多種，其中最常出現的姿勢，就是把整個身體捲成一團的「海螺卷」，有些很放鬆的貓咪在睡覺時也會仰躺大字睡，把肚子露出來給人看，出現毫無防備的姿勢「翻肚睡」。

在貓咪的各種睡姿中，有個情況是比較需要注意的，那就是貓咪一直不願意躺下來睡覺。貓咪把前腳收進身體底下的姿勢，稱為「折手坐」，原本是貓咪在放鬆時會出現的姿勢。通常貓咪會用這個姿勢打盹，但最後還是會變成橫躺的姿勢睡覺。不過，要是貓咪一直保持著這個姿勢，打算就這樣直接睡覺的話，說不定就是有什麼原因，讓牠們無法躺下來睡覺。飼主可以想一想，是不是有什麼因素讓貓咪覺得一躺下來就會疼痛，或是周圍有什麼事情讓牠們警戒，而無法放心睡覺等等。

貓咪瞇著眼睛，或像跪坐一樣打著盹，抱著頭睡覺的姿勢（也就是所謂的「抱頭睡」），代表牠們沒有完全放鬆下來。另外，貓咪用手遮住臉睡覺的姿勢，則是牠們覺得外界的光線很刺眼，或代表牠們不想要被人打擾。

飲食

確保貓咪完整攝取五大營養素＋水

關於貓咪飲食最重要的一件事，就是均衡攝取各種必要的營養素。除了五大營養素——蛋白質、碳水化合物、脂肪、維生素、礦物質之外，被稱為「第六營養素」的水分，也是身體不可或缺的養分。

許多飼主都會注意貓咪吃的食物，卻疏忽了水分的重要性。要預防貓咪常見的慢性腎臟病、尿路結石（P76亦有提及），最重要的事就是從幼貓時期就要注重貓咪的水分攝取。

另外，肥胖是百病之源，而預防肥胖最重要的事，就是注重飲食。飼主要注意貓咪的食量，也要注意別給過量的零食，而且切記不可以給牠們吃人類的食物。

適當的飲食管理與水分管理，才有助於貓咪活得健康又長壽。

飲食

根據貓咪的進食習慣決定餵食的次數

白天因為外出工作等因素，沒辦法分次餵食的話，自動餵食器會是個相當方便的工具。

貓咪的進食方式，本來就是屬於「少量多餐」型，牠們一天會吃很多餐，但每次都只吃一點點。相反地，狗狗則是有多少就吃多少。

貓咪與狗狗在進食方式上有所差異，是因為從前的貓咪與狗狗在野外生活的習性不同。集體行動的狗狗會去獵捕大型的獵物，一次就把肚子填飽，而單獨行動的貓咪只能抓到老鼠之類的小型獵物，才會變成少量多餐型的進食方式。

因為貓咪保有這樣的習性，飼主可以在貓咪的飼料碗放半天份的飼料，讓習慣少量多餐的貓咪在想吃東西的時候就有東西可以吃（任食法）。不過，還是有一些貓咪會一次把食物吃光，如果是這樣，飼主就要分次餵食。

另外，飼養多隻貓咪時，有些貓咪不但吃自己的飼料，還會去吃其他貓咪碗裡的飼料，所以建議飼主把貓咪們的飼料碗分開放。

餵食的次數多或少都沒關係，但最重要的是絕對不可以超過每天建議的餵食份量。另外，由於溼食比較容易腐壞，放1～2個小時就要收掉，不適合當作任食法的飼料。就算是乾飼料，放了一天之後一樣要換新的飼料。

根據目的、硬度，為貓咪挑選貓糧

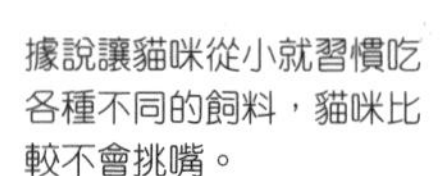

據說讓貓咪從小就習慣吃各種不同的飼料，貓咪比較不會挑嘴。

綜合營養食與一般食

貓糧的種類很多，如果是主食的話，通常我們會選擇「綜合營養食」。綜合營養食的設計，是讓飼主只要根據體重給予相應的飼料份量，以及適當的水分，便可讓貓咪攝取到必要的養分。此外，不同年紀的貓咪，需要攝取的營養量也不一樣。在綜合營養食當中，也有適合不同年齡層的商品，可以根據貓咪的年齡替換。

除了綜合營養食之外，貓糧當中還有標記「一般食」與「副食」的飼料。相對正餐（主食）來說，一般食與副食給人的印象多半為貓咪的零食與點心。只吃零食點心的話，無法攝取到足夠的營養，一定要吃正餐才行。貓咪如果只吃一般食（副食）的飼料，會發生營養失衡的狀況，所以餵貓咪吃一般食（副食）的時候，還要搭配綜合營養食的飼料。比如：飼主可以將一般食（副食）撒在綜合營養食上面，再餵貓咪吃。

除此之外，綜合營養食當中，還有用來補充特定營養成分、熱量的「營養補完食」，以及專為病弱貓咪管理飲食的「特別療法食」等，若要餵食這些特殊的綜合營養食，基本上都要經過醫師的指示。

貓糧的分類

●目的

綜合營養食	一般食（副食）
・同時搭配適當的水分，便可攝取到適量且充足的養分。 ・可根據年齡選擇相應的產品。 ・主要為乾飼料，少部分為溼食。	・與綜合營養食搭配使用。 ・多為溼食，以罐頭或調理包形式為主流。

●硬度

乾飼料	溼食
・容易保存，且方便餵食。 ・可長時間擺放在食器中。 ・大多為營養均衡的貓糧。	・口感好，風味佳，許多貓咪都喜歡。 ・可以同時補充水分。 ・容易腐壞，必須在1～2個小時以內吃完。 ・大多為一般食（副食）。

有些貓咪對於食物的態度總是陰晴不定。可能今天一口都不吃，明天又吃得津津有味，所以飼主不必為了貓咪的態度而擔憂，平常心應對就好。

乾飼料與溼食

貓咪的糧食可以根據水分含量的多寡，分為乾飼料與溼食。乾飼料的水分含量大約10％，口感酥脆爽口且有嚼勁；而溼食的水分含量約為75％，口感偏軟。還有一種貓糧則介於乾飼料與溼食之間，稱為軟飼料。

綜合營養食以乾飼料為主，也有少部分的綜合營養食是溼食的形式。

只吃乾飼料的貓咪，以及同時吃乾飼料與溼食的貓咪，兩者所需的飲水量是不一樣的（參考P35）。

飲食

不一定要餵貓咪吃魚肉或蔬菜

有人說，只有日本人才會覺得貓咪喜歡吃魚。日本販售的貓糧也以魚類口味居多，而歐美國家的貓糧則是以雞肉等肉類為主流。

本來野生的貓咪就是捕抓老鼠、昆蟲、青蛙等獵物來吃，所以只要貓咪能夠攝取到蛋白質、胺基酸等等的必要營養素，就不必堅持一定要給貓咪吃魚。

有些貓咪會被蔬菜的香氣吸引，喜歡吃青花菜等等的蔬菜。除了那些不可以給貓咪吃的蔬菜（P29）之外，只要是沒有調味過的生菜或燙青菜，都可以餵貓咪吃。

不過，綜合營養食的貓糧已經含有膳食纖維，所以飼主其實不需要為了促進排便順暢等理由，特地幫貓咪補充蔬菜。

魚和肉我都愛吃♥

有貓草更好？

column

餵食貓草可以幫助貓咪排便更順暢，也能讓貓咪吐出更多毛球，然而其實貓咪有沒有吃貓草都無所謂。不過，有些貓咪就是喜歡咬植物，所以家裡還是可以準備一些貓草給這些愛咬植物的貓咪。

飲食

自製鮮食的難度高，要有心理準備

有不少的貓咪飼主都想要給貓咪吃自製的鮮食，哪怕只是比外面的食物好一些，也希望給貓咪更美味又安全的食物。

飼主若要給貓咪吃自製鮮食，**最大的前提就是要先了解貓咪必須攝取的營養素**。要使用在超市就能買到的食材，又要做出營養充足且均衡的食物，可是一件難度相當高的挑戰。每天都要煮不一樣的鮮食，難度會比較高，所以或許可以考慮一個星期左右替換一次菜單，也許會更方便做出營養均衡的鮮食。

但是，貓咪可能還是因為生病而必須改吃飲食療法專用的飼料，飼主也可能會因為天災而必須避難，沒辦法在避難所內隨意烹煮食物等等，因此飼主還是必須讓貓咪同時習慣吃飼料。

飲食

注意別給貓咪吃到有害身體健康的食物

基本上，只要是我們人類吃的食物，都不要拿給貓咪吃。覺得貓咪看起來很想吃、想要討貓咪歡心，所以就拿我們的食物餵貓咪，其實都是人類的一廂情願。人類與貓咪需要的營養比例不同，消化功能也不一樣，有些食物人類吃沒問題，可是一旦貓咪吃下肚，就有可能消化不良而拉肚子，或是因此中毒。而且，人類的食物基本上都有調味，過多的鹽分或糖分也都會造成貓咪身體的負擔。

飼主餵貓咪吃人類的食物，可能也會讓貓咪養成壞習慣，時常讓飼主及其家人不堪其擾，例如：嘗過一次甜頭之後還想再吃人類的食物，所以就自己跳到餐桌上等等。打從一開始就只給貓咪吃貓糧的話，就不會造成彼此的壓力。

對貓咪有危險的食材

●會導致下痢的食物

容易讓貓咪消化不良的食物	
・蝦子、螃蟹、花枝、章魚、貝類 （花枝、章魚也可能造成中毒） ・人類食用的牛奶、乳製品 ・菇類 ・蒟蒻	・生肉、生魚 ・天婦羅油炸專用油 ・水果 等等

●會造成中毒的食物

會出現痙攣、嘔吐、下痢等症狀，有時還可能危及性命。就算只是湯汁也不可以。	
・蔥類 （洋蔥、青蔥、韭菜等等） ・巧克力等等的可可類 ・酒精類	・堅果類 （杏仁果等等） ・葡萄乾與葡萄 ・酪梨 等等

※除了上述的食物以外，貓咪若吃到某些植物，同樣也會有性命危險。詳細內容請參閱P166～167。

有益貓咪健康的食物

我們都知道，腸道環境不好會導致身體出現各種毛病，不只人類如此，貓咪也是一樣。而「寡糖」具有整頓腸道環境的效果，貓咪的飼料當中一直都有添加果寡糖。

另外，「Omega-3脂肪酸」可以預防腎功能衰竭，在腎臟病專用處方飼料的成分中，也會看到Omega-3脂肪酸。魚油與磷蝦油皆富含Omega-3脂肪酸，而市面上都能買到這些寵物專用的保健食品。

不管是寡糖還是Omega-3脂肪酸，攝取過量都不是一件好事，所以飼主在餵食之前，還是要先跟獸醫師討論一下。

零食的餵食份量與時機點都很重要

市面上的貓咪零食有很多種類，例如：起司、餅乾、做成泥狀的點心等等。

只要飼主有好好地給貓咪吃貓糧，貓咪本來就不需要吃這些零食。不過，當貓咪要剪指甲、看醫生等等，被迫做不喜歡的事情時，飼主若是能給貓咪吃一點零食，的確也是個有效消除討厭記憶的好辦法（參考P101）。零食也是飼主與貓咪在溝通時的一大助力。

若要餵貓咪吃零食，零食的熱量最多不能超過每日所需熱量的兩成。如果貓咪的運動量大，不必那麼嚴格遵守這個規定也沒關係，但為了避免貓咪過胖，餵貓咪吃多少熱量的零食，就要給貓咪減少相同熱量的飼料。貓咪只吃零食卻不吃飼料的話，會營養失調。

決定好零食時間，並當成每日的例行公事之一

可以的話，最好在每天的固定時段裡餵貓咪吃零食，這對於喜歡規律作息的貓咪而言會是最好的。貓咪在早晨或傍晚等時段會比較活潑，飼主若在這些時段給貓咪零食的話，貓咪對於飼主的關注度以及對飼主的情感需求也會增加。飼主還可以趁機用零食幫貓咪清理身體或進行訓練，也會有很不錯的效果。

例如：飼主伸出手之後，貓咪也會伸出手來握手的話，就給牠們零食。

飼主要記得一件事，那就是一定要選擇貓咪專用的零食。曾經就有貓咪因為犬用零食中的添加物「丙二醇」而中毒的案例。

小魚乾或柴魚等富含礦物質的食物，是導致尿路結石（P76）的成因，因此也要注意不可過度餵食。

飲食

食慾不好的時候，試著把食物加熱

飼料加熱之後，香氣就會增加，所以當貓咪的食慾變差時，飼主可以試試這一招。飼料加熱法適合用在溼食。

據說把飼料加熱到接近獵物體溫的37～38℃，會讓飼料變得更好咀嚼。

有些飼主也會把冷水溫熱之後再給貓咪喝，不過每隻貓咪對於水溫的喜好都不太一樣。想知道貓咪到底喜歡喝冷的水，還是更喜歡喝加熱過的水，那就讓貓咪都喝喝看，觀察牠們喝水的樣子吧。把水溫太燙當然也是不行的，大概跟人類的體溫差不多就可以了。

飲食

連零食都不吃的時候，就要帶貓咪去看醫生

當飼主覺得貓咪的食慾好像變差的時候，首先要確認貓咪是不是真的沒有食慾。

假如貓咪只是不吃飼料，點心或零食照吃不誤，就可以推斷是有什麼理由讓貓咪不想吃飼料。如果是這樣的話，就再找一款貓咪願意吃的飼料吧。

要判斷貓咪「有沒有食慾」，就看貓咪是不是一整天都不吃任何東西。假如貓咪不吃飼料，也不吃牠們喜歡的零食，那就可以推斷是貓咪的身體出現了異常狀況。

一旦食慾不振的情況持續很長一段時間，便容易導致身體產生疾病，而其中一樣就是肝臟脂肪代謝障礙（P77）。尤其是肥胖體型的貓咪更是容易得到這種疾病。肝臟脂肪代謝障礙也可能危及貓咪的性命，因此當胖貓咪一整天都不吃任何東西的時候，飼主就要立刻帶貓咪去看醫生。

確認食慾好壞是很重要的喵

column

用木天蓼提升食慾？

把木天蓼混在飼料裡，有些貓咪就會吃得津津有味。不過，飼主不可以抱持著「既然貓咪食慾不好，那就來點木天蓼」的想法，隨隨便便地餵貓咪吃木天蓼。飼主首先應該要確認貓咪食慾變差的原因，而木天蓼要當作不能輕易使出的殺手鐧來使用。

胖貓咪除了要調整飲食，也要調整**運動量**

飼主為了幫貓咪控制體重，就突然減少貓咪的飼料量，這樣的做法很可能會造成貓咪的壓力。

比較適合的飲食控制方式，是慢慢地減少貓咪的飼料量，同時**增加餵飯的次數**，例如：之前都是一日兩餐的話，那就把餵飯的次數拆成三～四次。因為一次只讓貓咪吃一點點，但一天吃很多餐的話，比較可以消除空腹感。

另外，控制體重不只要減少**進食量，還必須要增加運動量**。例如：貓咪跳一次貓跳台，就餵一顆飼料等等，飼主可以試著一邊跟貓咪互動，一邊讓貓咪運動，想必也會有不錯的效果。不過，忽然要胖貓咪做這些運動的話，可能會對牠們的身體造成負擔，所以還是要觀察貓咪的狀況，在貓咪身體可承受的範圍內幫貓咪減肥喔。

飼主還可以做點小機關，例如：把乾飼料放在挖洞的寶特瓶裡，貓咪只要滾動寶特瓶就會讓飼料掉出來；也可以給貓咪玩一些只要滑動蓋子，飼料就會掉出來的益智玩具等等，用點小心思，**讓貓咪要花點時間才能吃到食物**，都會有**很不錯的減肥效果**。

市面上也有**減重專用飼料**，與獸醫討論之後再換成減重專用飼料，也是方法之一。

減肥要適度！

水分

掌握貓咪的所需飲水量

水分攝取對於貓咪而言是一件非常重要的事情。水分不足與慢性腎臟病、尿路結石（皆參考P76）、膀胱炎等疾病都有關聯。而貓咪如果有慢性腎臟病的話，反而會出現飲水量增加的傾向。

想知道貓咪水分攝取得多還是少，首先要看貓咪在身體健康時的飲水量，這樣也才能夠及早發現問題。貓咪一天所需的飲水量跟一天所需的熱量（大卡／日）幾乎是相同的。

如果貓咪是吃溼食的話，也可以把溼食中的水分算在一天所需的飲水量當中。

使用計算機計算所需水量

使用計算機的話，就可以根據以下的步驟，算出正確的所需水量。

例 體重為3公斤的成貓

❶ 算出體重的3次方
3×3×3＝27

❷ 按2次√（根號）

❸ 把數字乘以70→159.57

❹ 把數字乘以1.2※→
191.48kcal/日
（1天的所需熱量）
≒191.48ml（所需水量）

※此數值適用於已結紮的成貓。未結紮的成貓則是乘以1.4。

★使用智慧型手機的計算機APP時，只要將螢幕轉成橫向，通常都會出現√的符號。如果是使用iPhone的話，則是使用按鍵 $\sqrt[2]{x}$。

找出讓貓咪願意攝取充足水分的地點與飲水器

攝取水分是讓身體健康的一大要事，但貓咪本來是居住在沙漠之中，本身的特質就不是會喝那麼多的水。貓咪個性比較固執，而且每一隻貓咪喝水的情況多少也會不一樣，所以飼主必須設法找出適合自家貓咪的方式，才能讓貓咪主動多喝一點水。

為了讓貓咪願意多喝一點水，請飼主一起來了解貓咪的飲水容器擺放位置，又應該選擇什麼樣的飲水容器比較好。

喝水的地點

家裡要設置多個喝水點

每一隻貓咪喝水的時機點都不一樣，有些貓咪會在上廁所之後順便喝水，也可能起床之後就跑去喝水等等，所以飼主就在貓咪經常出沒的幾個地方都設置飲水器吧。有些貓咪只喜歡喝新鮮的水，有的貓咪則喜歡放了一陣子之後沒有氯味的水，有時喜歡的水又可能跟之前不一樣了。給貓咪的飲用水如果也能有多種選擇，貓咪就會去喝喜歡的水，增加牠們喝水的機率。

column

為什麼貓咪想在浴室裡喝水？

就算飼料旁邊有可以喝的水，有些貓咪就是不喝，反而喜歡跑到浴室裡喝水。從前在野外生活的貓咪都是在森林裡捕食獵物，想喝水的時候再跑到河邊喝水，而這樣的模式便烙印在貓咪的記憶裡。因此，貓咪把喝水的地點跟吃飯的地點分開，可以說是更符合牠們本來的習性。飼主記得要把浴缸裡的水放掉，以免貓咪掉進浴缸溺水，也要注意別讓貓咪喝到含有泡澡劑的水。

貓咪的飲水器

準備比飼養隻數多一個飲水器

一隻貓咪至少要準備兩個飲水器，這樣貓咪在其他地方也能喝到水。如果是多貓家庭，飲水器的數量至少要比飼養隻數多一個。

有些多貓家庭的飼主會讓貓咪們共用飲水器，但其實有些貓咪並不喜歡喝的水沾了其他貓咪的口水。

喜歡的飲水器大小也因貓而異

飲水器比較小的話，貓咪的鬍鬚就會碰到邊緣，但有些貓咪覺得這樣可以知道飲水器的寬度，比較方便喝水，也比較放心。相反地，有些貓咪則是討厭鬍鬚碰到飲水器的邊緣，喜歡寬一點的飲水器。

飼主可以準備各種大小的飲水器，看看貓咪喜歡用哪個飲水器喝水（飲水器的材質請參考P179）。

飲水器要常清洗

基本上每天要清洗一次，以保持飲水器的清潔。在清洗飲水器的時候，也要順便把飼料碗一起清洗乾淨。要是貓咪發現水裡有一點點的髒汙，就不肯喝水的話，就請飼主在能力可及的範圍內，盡量常幫貓咪更換乾淨的水。

水分

貓咪可以喝自來水

用自來水當作貓咪的飲用水，基本上是沒有問題的。如果貓咪不喜歡自來水的氯味，飼主可以先讓自來水在容器中靜置一段時間。

我們都會覺得喝礦泉水對身體比較健康，但是對於貓咪卻未必如此。礦泉水是硬水，含有比較多的鎂跟鈣，恐怕會導致貓咪尿路結石（P76）。假如要給貓咪喝礦泉水的話，記得要選擇軟水類型的礦泉水。國外生產的礦泉水多以硬水為主流，要多加注意。

水分

煮雞肉或魚肉的湯汁也能用來幫貓咪補充水分

假如貓咪還是不太願意喝水的話，幫貓咪喝的水裡面加點味道，也不失為一個好辦法。

飼主可以把煮完雞肉或魚肉而且還沒調味的肉湯，加到貓咪喝的水裡面。有時貓咪會對肉味產生反應，而願意喝水。不過，加了肉湯的水比較容易腐壞，不像一般的水可以一直放著，所以大概過了半天就一定要換新的飲用水。

另外，把煮肉的湯汁淋在乾飼料也是不錯的做法，這樣貓咪在吃飼料的時候，就可以同時攝取水分。加了肉湯的飼料同樣容易腐壞，所以過了半天就要把沒吃完的飼料收走，不要再繼續給貓咪吃了。

貓咪除了單吃乾飼料，同時搭配上水分含量較高的溼食，也可以增加攝取的水分喔。

水分

餵貓咪喝牛奶時，要特別留意胖貓咪

貓咪不願意喝水的時候，以**貓咪專用奶代替水**是沒關係的。不過牛奶跟水不一樣，**牛奶的熱量比較高，如果是肥胖的貓咪，飼主就必須注意不可以讓貓咪喝太多牛奶**。

要餵貓咪喝牛奶的話，**一定要選擇貓咪專用奶**。這是因為人類喝的牛奶含有乳糖，而貓咪的身體無法分解乳糖，喝了會拉肚子。

寵物專用奶除了牛奶之外，也有羊奶（山羊奶）。不過有些貓咪喝到羊奶會出現過敏反應，要是發現貓咪喝了羊奶之後，出現搔癢、眼睛周圍或耳朵前端掉毛等等的情況，就要停止餵貓咪喝羊奶。

不只羊奶，**只要是第一次給貓咪吃的東西，最好都要在動物醫院看診的時間內餵食**。這樣萬一貓咪有什麼異狀，才能在第一時間就醫，飼主也能比較放心。

水分

增加餵食次數或活動量，促使貓咪攝取水分

假如飼主已經想了各種辦法，但貓咪的飲水量還是沒有增加的話，還有一個方法可以試試看，那就是增加貓咪吃飯的次數。這個方法的做法是每天餵食的飼料量固定不變，但把餵飯的次數拆成更多次。貓咪吃完飯之後，通常都會去喝水，所以像這樣調整餵食次數的話，就能鼓勵貓咪多喝一點水。

不管是人類還是貓咪，身體在燃燒食物所提供的養分時，體內都會產生所謂的「代謝性水分」。人類一天產生的代謝性水分，一般來說大約是300㎖。燃燒不同的養分，所產生的代謝性水分也會不一樣多，但透過增加運動量，其實就可以提升身體的代謝。當體內產生了代謝性水分，就會促進身體排泄，並以尿液的形式將水分排出體外。而當身體流失水分之後，自然就會想要攝取水分。

話雖如此，關於代謝性水分的生成量其實眾說紛紜，所以還是希望各位飼主都先試試看前面舉例的那些增加貓咪飲水量的方法。

要試試看各種辦法喵

排泄

透過便便與尿尿，掌握貓咪健康時的狀態

掌握貓咪排泄時的模樣以及排泄物，是為了及早發現「健康狀況是否與平常有異」的重要手段。

貓咪的尿尿與便便，是身體健康狀況的指標。掌握貓咪健康時的大小便狀況之所以重要，是因為飼主一旦發覺貓咪的大小便有異狀，才能及早帶貓咪去動物醫院就醫。

不管是便便還是尿尿，都要觀察排泄量、次數、顏色（大便還要注意形狀）是否跟平常不一樣。如果是大便的話，用眼睛就可以確認，比較容易發現有沒有異常，而尿尿雖然比較難觀察，還是要多加注意。

飼主偶爾也要觀察貓咪排便與排尿時的模樣，看看牠們的姿勢是否自然、是否露出疼痛的模樣。

排泄

出現一天五次以上的頻尿，就要懷疑是不是生病

貓咪每天的排尿次數平均是兩次左右，而公貓用來做記號的噴尿（P122）不能算在排尿次數裡。

由於排尿量會受到飲水量的影響，所以排尿次數也會因貓而異。不過，貓咪一天排尿超過五次以上的話，就是所謂的頻尿。

不光是排尿次數增加，貓咪生病的話，尿液的顏色與氣味也會有所變化。尿尿的氣味變得比較沒味道，顏色也變得比較淡的話，就要擔心是不是慢性腎臟病（P76）等疾病，因此一旦發現貓咪的尿液有異狀，就要及早帶去動物醫院就醫。

尿液的異常比較難以發覺，所以除了健康檢查之外，也建議飼主定期帶貓咪做尿液檢查（P51）

檢查一下便便的硬度、氣味、顏色

要帶著貓咪的大便一起去動物醫院的話，要用塑膠袋或塑膠容器裝著大便，不要用衛生紙包住。

貓咪的大便**次數要一天一次以上。不會太軟，也不會太硬，而且抓起來也不會散掉的大便，才是健康的大便硬度**。若大便中混雜著貓毛，或水分攝取不足，貓咪的大便就容易變硬。

貓咪如果攝取比較多的動物性蛋白質，大便的味道就會比較重。另外，大便的味道比較臭的時候，也可能是拉肚子或肚子裡面有寄生蟲，所以還要**一併確認大便的形狀與氣味。**

貓咪的大便顏色會接近牠們吃的貓糧，褐色或茶褐色都是正常的顏色。若是大便的顏色偏紅或偏白，恐怕是因為出血或內臟出狀況，要格外注意。大便的顏色太黑的時候，也有可能是大便當中混雜著血液。

假如覺得貓咪的大便不正常的話，那就帶著貓咪的大便到動物醫院找獸醫師討論吧。給醫生檢查的大便最好是剛排便不久的，而且盡量不要用衛生紙或紙張包著，這樣比較能夠做出正確的診斷。

排泄

一天沒尿尿、三天沒便便，就要帶去看醫生

不只頻尿的狀況要注意，**當貓咪一天以上沒有排尿的時候，同樣也要就醫**，請飼主千萬要記得這一點。貓咪經常有尿路結石（P76）等泌尿器官方面的問題，所以要多多留意貓咪的排尿狀況，及早發現問題，才能及早治療。

至於排便量，只要貓咪攝取比較多的膳食纖維，排便量就會增加。而減重專用飼料當中含有豐富的膳食纖維，所以吃減重專用飼料時，排便量也會變得比較多。**即使貓咪的排便量不多也沒關係，只要每天都有排便一次，就不會發生便祕的狀況。**

要是貓咪連續三天以上都沒有排便，飼主就要帶貓咪去看醫生。不過，如果飼主發現貓咪都不大便，而且樣子看起來也跟以往不太一樣，比平常沒有活力、沒有食慾等等，就要立刻就醫，別等到三天之後才去。

貓砂盆的大小要有體長的一點五倍以上，數量要比貓咪的數量多一個

貓咪以前生活在野外的時候，都是在遼闊的地方大小便，所以給予寬敞的貓砂盆，牠們比較不會有壓力。可以的話，貓砂盆的大小最好是貓咪體長的一點五倍以上。

有一些貓砂盆的設計是有屋頂的，但這件事對於貓咪來說，其實並不是那麼重要。不過，如果是有屋頂的貓砂盆，大小便的氣味會比較不容易消散，有些貓咪就會因為這樣而討厭進去貓砂盆上廁所。相反地，也有一些貓咪覺得有屋頂可以更安心上廁所。

最理想的貓砂盆數量，是比飼養隻數多一個。雖然說要勤勞地幫貓咪清理貓砂盆，但有時還是會遇到飼主要外出過夜等情況。這時若有個備用的貓砂盆，貓咪也會比較舒服。

貓咪上完廁所就立刻衝出貓砂盆，根本就不打算撥貓砂蓋住大小便的話，說不定是因為牠們覺得貓砂盆使用起來很不舒服，一刻也不想再繼續停留。貓咪討厭貓砂盆的情形變得更嚴重的話，可能會直接在貓砂盆以外的地方上廁所。

大小便關係著貓咪的身心健康，所以要是發現貓咪看起來很討厭貓砂盆的話，一定要找出原因，並且及早解決。

貓砂盆的舒適度
也很重要喵

貓砂盆

貓砂盆要遠離吃飯與睡覺的地方

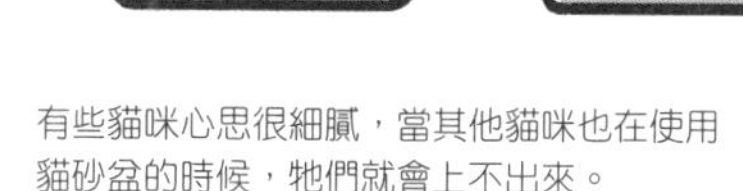

有些貓咪心思很細膩，當其他貓咪也在使用貓砂盆的時候，牠們就會上不出來。

飼主在決定貓砂盆的擺放位置時，請記得要選擇安靜一點的地方。把貓砂盆放在人來人往、吵吵鬧鬧的地方，貓咪就會沒辦法靜下來好好上廁所。另外，以貓咪的習性而言，**牠們不會在自己吃飯或睡覺的地點附近上廁所，所以貓砂盆擺放的位置要盡量遠離牠們的飼料碗或睡窩。**

飼主同時飼養多隻貓咪的時候，有些貓咪可能會因為跟其他隻貓咪的關係不好，而拒絕從其他隻貓咪的旁邊經過。要是飼主在這種情況下，還把貓砂盆放在洗手間的深處、走廊的盡頭等地點，萬一前往貓砂盆的路上剛好有其他貓咪在的話，想上廁所的貓咪就會沒辦法到貓砂盆上廁所。**可以的話，最好還是把貓砂盆放在任何路線皆能抵達的地點吧。**

貓咪的其中一個習性，就是不喜歡在無處可逃的地方進入完全沒有防備的狀態，所以貓砂盆也要擺在貓咪方便出入的地方。話雖如此，以飼主的立場而言，一定會想要把貓砂盆放在不會擋路的角落或不顯眼的地方吧。還是要根據住家的狀況，盡量幫貓咪選擇一個可以放心上廁所的地點。

兩週一次大清洗，保持貓砂盆的清潔

每當貓咪的大便或尿尿弄髒了貓砂盆，飼主都要記得把貓砂盆清洗乾淨，保持貓砂盆的整潔。就像人類也不喜歡使用髒兮兮的廁所一樣，貓咪也喜歡在乾淨的貓砂盆上廁所。

尤其是飼養兩隻以上的貓咪時，要是貓砂盆還殘留著大小便的味道，可能就會讓其他貓咪不想使用那個貓砂盆，而在貓砂盆以外的地方大小便。

飼主不只要更換貓砂或尿布墊，也要定期清洗貓砂盆。貓咪每天都會使用貓砂盆，使用過的貓砂盆自然就會變髒，所以飼主必須每兩個星期將整個貓砂盆完全清洗一遍。

貓砂盆洗乾淨之後，放著曬乾或風乾是最理想的，但如果家裡就只有一個貓砂盆，貓咪在貓砂盆晾乾之前都沒辦法上廁所的話，也是滿傷腦筋的。如果是這種情況的話，也可以直接把貓砂盆完全擦乾，快點放回原來的位置。

貓砂盆

貓砂選擇天然的材質會更好

貓咪上廁所使用的貓砂五花八門，就連材質也分為礦砂、紙砂、豆腐砂、木屑砂、水晶砂等等，種類非常多。貓砂的顆粒也有大小粒之分，而貓咪通常都喜歡顆粒大小比較接近天然砂石的細貓砂。

有的貓咪非常講究貓砂的材質或大小，有的貓咪則是來者不拒，任何顆粒大小的貓砂都可以接受。只要貓咪在飼主準備的貓砂上都可以正常排泄的話，那就沒有問題。

能讓貓咪用得舒服當然是一定要的，但還是要考慮到飼主清掃時的方便性等等，按照貓砂盆的款式或種類，選擇最適合的貓砂。

撥砂蓋住排泄物是貓咪的習性。有的貓咪也喜歡鬆散好撥的貓砂。

貓砂盆

也可以善用IoT貓砂盆來管理貓咪的排泄狀況

現在愈來愈常看到「IoT」這個字，IoT是「Internet of Things」的縮寫，一般翻譯成「物聯網」。所謂的IoT，指的是身旁的一切物品都可以透過網路操控的一種裝置。

如今就連有些貓砂盆也都有IoT，使用者將IoT貓砂盆連上APP之後，就可以透過智慧型手機等設備看到相關數據。除了記錄貓咪使用貓砂盆時的體重、排尿量、一天的上廁所次數，每一款IoT貓砂盆具備的功能也都各不相同，有些IoT貓砂盆當貓咪上廁所的次數比往常更多次的時候，APP就會發出警示通知等等。有些還裝設了監視攝影機，飼主可以使用手機看到貓咪在上廁所時的畫面。

使用IoT貓砂盆也有助於貓咪的健康管理，飼主透過尿量的增減可以及早發現身體的疾病，而長期紀錄的數據則有利於追蹤病程的發展。

定期進行尿液檢查

貓咪好發泌尿系統方面的疾病，尤其是隨著貓咪的年紀增加，出現慢性腎臟病（P76）的風險也會愈來愈高。每年進行數次的尿液檢查，有助於及早發現泌尿系統的疾病。

幫貓咪進行尿液檢查的時候，貓咪不一定要在場，只要帶著貓咪的尿液到動物醫院，就可以請動物醫院做尿液檢查。檢查結果有任何異常再帶貓咪就診，也會減輕貓咪的負擔。

先向動物醫院確認

不是直接帶著貓咪的尿液到動物醫院，而是要在貓咪進行健康檢查等時機，順便詢問院方關於尿液檢查的事項，再請動物醫院告訴我們檢查的時間、必要的尿液量、採尿的方式等等。

以乾淨的容器採集尿液

採集的尿液要放在乾淨的容器裡，如果裝尿液的容器不乾淨，可能造成檢查結果有誤。有些動物醫院會提供採尿容器，再請飼主向醫院詢問。以新鮮的尿液進行檢查，醫生才更能做出正確的判斷。

雙層貓砂盆更方便採尿

如果貓咪使用的是雙層貓砂盆，飼主也可以在上層放入乾淨的新貓砂，下層的便盆則不要鋪任何具吸水性的尿布墊等等，這樣就可以用海綿等工具吸取下層便盆的尿液了。就算帶著吸了尿液的貓砂或尿布墊到動物醫院，醫院也沒辦法幫貓咪做尿液檢查。

安排活動身體的時間，每天十五～二十分鐘左右

只會吃跟睡，動都不動的話，就算是貓咪也會變胖的。現在的家貓都是以完全養在室內的方式為主流，所以貓咪都會有點運動不足。而且貓咪也容易吃太多零食而營養過剩，近年來愈來愈多的貓咪都變得胖嘟嘟、圓滾滾。

肥胖是造成各種疾病的原因，想要活得健康又高壽，就一定要預防肥胖。

適度的運動不只可以預防肥胖，也能釋放壓力，給頭腦帶來良好的刺激，因此有助於預防憂鬱症（P111）或失智症（P75）等疾病。

飼主就透過陪貓咪玩耍的機會，趁機讓貓咪活動身體吧。貓咪每天的運動時間大概要十五～二十分鐘左右。陪玩的時間太長的話，說不定貓咪會覺得膩，飼主可能也沒有那麼多時間，所以也可以一天分成兩次陪玩，一次十分鐘左右等等，分散玩耍兼運動的時間。

column 室外散步沒有好處

我並不建議飼主帶貓咪到戶外散步。哪怕只是外出一次，貓咪也會把牠們去過的地方當成是自己的地盤，但這樣牠們就會因為沒辦法自由地前往戶外，而產生壓力。而且外出也會增加得到傳染病的風險，所以還是讓貓咪在室內運動吧。

運動

貓咪想找人玩耍的時候，就是活動身體的好機會

雖說運動有益身體健康，但強迫貓咪運動也可能造成牠們的心理壓力。**飼主還是耐心地等待貓咪自己動起來吧。**

當貓咪一直喵喵叫地對著飼**主撒嬌，或自己叼著玩具跑過來找人玩的時候，就是最好的運動時機。**飼主若能回應貓咪的要求，還會提升自己在貓咪心中的好感度。另外，逗貓棒也是一種可以引起貓咪狩獵本能的玩具，非常好用。飼主平時要把逗貓棒收好，等到貓咪變得活躍的時候再拿出來跟貓咪玩，這樣才能常保逗貓棒的魅力。

假如貓咪看起來根本不打算找人玩，飼主也可以自己主動去找貓咪玩，拿著玩具逗一逗牠們。但要是貓咪看起來興趣缺缺，甚至乾脆跑掉的話，飼主就別再糾纏著貓咪了。

希望飼主都可以在貓咪還小的時候，就讓牠們了解活動身體的樂趣，也訓練貓咪下半身的力量。**高齡貓在活動之前，也可以先輕輕地按摩一下牠們的四肢。**

有些胖貓咪運動起來會顯得很吃力，也有一些貓咪是因為身體疼痛才拒絕活動。飼主在讓貓咪養成運動的習慣之前，應該優先幫貓咪減重，以及解決身體疼痛的原因。

打造可以讓貓咪跳上跳下的房間

要讓貓咪運動或玩耍，就必須有一個可以讓牠們安全地跑來跑去的活動空間。貓咪飼主應該都要知道，比起平面的寬敞空間，貓咪更需要的是一個可以跳上跳下的活動場地，所以就朝著這個方向打造貓咪的活動空間吧。

貓咪有個習性，那就是習慣從上往下俯視周圍，因此貓咪們都非常喜歡往高處爬。飼主若是能讓貓咪順著這個習性發展，在家裡打造一些像是貓跳台、貓咪空中走道等設施，讓貓咪可以自由地往高處前進，一定會很不錯。假如家裡沒辦法裝設貓跳台或貓咪空中走道，利用家具做出高低落差也是一個好辦法（參考P157）。

請飼主依照以上的方式，幫貓咪打造一個可以跳上跳下活動的空間吧。

運動

不想讓貓咪在半夜開運動會，就要讓牠們在白天活動身體

有時貓咪會在半夜裡興奮地跑來跑去，開「半夜運動會」。飼主不覺得困擾的話，讓牠們繼續這麼做也無所謂，但要是因此搞得睡眠不足的話，可就不好玩了。

貓咪本來就會等到天色變暗之後才開始狩獵，但飼養在家裡的貓咪不需要抓獵物，所以白天運動得不夠多，就無法消耗掉牠們旺盛的精力。最後的結果就是貓咪精力過剩，到了半夜還睡不著覺。另外，也有可能是因為貓咪自己在家裡待了一整天，晚上終於等到飼主回家，情緒太過興奮。

想要解決這個問題，最好的辦法就是讓貓咪在早晨或傍晚澈底活絡筋骨，而這兩個時段通常是貓咪最有精神的時候。另外，飼主在就寢先陪貓咪玩個夠，藉此消耗牠們的精神與體力，也是一個好辦法。

不過，這樣做的話，貓咪可能又會因為肚子餓，而在半夜裡醒來搗蛋。所以睡覺之前也要稍微看一下貓咪會不會肚子餓，假如貓咪看起來有些肚子餓，就先給牠們吃點飼料。

column

分辨貓咪是在互相追逐，還是在打架

當貓咪們都在跑來跑去時，飼主或許也會分辨不出牠們是在打架，還是在玩你追我跑的遊戲。假如貓咪沒有發出叫聲，而且還會輪流追來追去的話，那就是牠們在玩遊戲；但如果貓咪會發出叫聲，而且只有其中一隻貓咪一直在被追著跑的話，那就有可能是兩隻貓咪在打架，或其中一隻貓咪在欺負對方，這時飼主就應該介入，例如：協助被追著跑的那隻貓咪到別的地方避難等等。

清理身體

幫貓咪整理身體時，剪指甲是第一優先

貓咪會自己舔毛，整理身上的毛髮，但有些部分的毛髮牠們就是舔不到。為了保持貓咪的健康與衛生，有些清潔保養都必須交給飼主處理才行，包括：梳毛、剪指甲、刷牙等等。

考慮到貓咪跟人類住在一起，首先絕對不能忘記做的就是幫貓咪剪指甲。貓咪的指甲很銳利，被牠們的指甲勾到可是相當危險的。有時候貓咪也可能因為討厭梳毛或刷牙，而出手抓傷飼主，所以在幫貓咪清潔與保養身體時，第一件要做的事情就是剪指甲。貓咪的指甲也可能被地毯等物品勾住而受傷，所以對於貓咪的安全而言，剪指甲這件事才會如此重要。

高齡貓的指甲鞘帶會因為老化的緣故而變長，容易一直呈現露爪的狀態，因此飼主要勤勞地幫貓咪護理指甲。

清理身體

剪指甲要由兩個人趁著貓咪睡覺時偷偷進行

貓咪的指甲通常是兩個星期就要修剪一次，但每隻貓咪的指甲生長速度會有點不一樣，而且，指甲修剪得好不好，也會影響到指甲生長的長度。當貓咪的指甲會勾到飼主的衣服或室內的地毯，那就代表貓咪該剪指甲。

通常貓咪都很討厭被人碰到牠們的趾尖，所以從小就要讓牠們習慣給人剪指甲。要是貓咪大發脾氣，不肯乖乖地給人抱著剪指甲的話，那就趁著牠們在睡覺的時候，一次剪一根指甲就好。如果有家人可以幫忙的話，也可以試試看其中一個人拿著零食吸引貓咪的注意力，然後另一個人趁機幫貓咪剪指甲。

有些動物醫院或寵物美容沙龍也有提供剪指甲的服務，要是貓咪怎樣都不肯好好地給飼主剪指甲的話，也可以問問動物醫院或寵物美容沙龍。

用來吸引貓咪注意力的零食，要選擇可以吃比較久、讓貓咪一直舔的零食。

長毛貓與短毛貓的梳毛方式不一樣

幫貓咪梳毛不只是為了梳掉廢毛以及被毛上的髒汙，梳毛還能給予皮膚適度的刺激，有助血液循環。

貓咪會用舔毛的方式幫自己整理毛髮，所以短毛品種的貓咪就算沒有每天梳毛也沒關係，不過春季、秋季是貓咪的換毛期，換毛的情況會變得更明顯，所以這兩個季節就要勤勞地幫貓咪梳毛。而長毛品種的貓咪容易毛髮糾結、形成毛球，因此每天都必須梳毛。

短毛品種的貓咪適合使用矽膠梳，長毛品種的貓咪則適合使用較長的按摩針梳或除毛針梳。同時再配合齒梳的話，也會更方便幫貓咪打理毛髮，齒梳可以梳開糾結的毛球，也可以用來做最後的梳理。不管使用哪一種梳子，力道都要溫柔，輕輕地幫貓咪把毛梳整齊就好。梳毛的力道太用力的話，可是會弄痛貓咪的皮膚。

貓咪討厭梳毛的話，可以在梳毛的時候一邊餵牠們吃點心，讓貓咪覺得：「梳毛的時候還會有好吃的可以吃，好舒服喔。」這樣就可以讓貓咪對於梳毛這件事留下好印象。

清理身體

吐毛球的次數比以前多的話，就要帶去看醫生

貓咪在舔身體的毛時，有時也會把這些毛吞進肚裡。這些毛雖然會跟大便混在一起，隨著大便一起排出，但大部分的毛都會在胃部變成硬塊，形成毛球，而貓咪就會定期地把毛球吐出來。吐毛球這件事對於會自己整理毛的動物來說，是一件很正常的事情，所以不需要太過擔心。要是貓咪不把毛球吐出來的話，這些毛反而就會一直累積在胃裡，而胃裡面的毛球變得太大一團，就會變成「毛球症」。

每一隻貓咪吐毛球的頻率都不一樣，有的貓咪幾個星期就會吐一次，有的甚至好幾個月才會吐一次。如果是飼養長毛品種的貓咪，或同時飼養好幾隻貓咪，這些貓咪就會因為本身毛量較多，或幫其他同伴舔毛的緣故，而比一般的貓咪更常吐毛球。另外，有時貓咪也會因為壓力太大而一直舔自己的身體，牠們吐毛球的次數就會跟著增加。

當貓咪吐毛球的次數比以前多、吐出來的毛球混著黏液或未消化的食物、吐完毛球以後看起來很沒精神等等，都要特別注意，一定要立刻帶貓咪去看醫生。

清理身體

覺得貓咪身體髒髒或臭臭的，就幫牠們洗澡

如果貓咪是完全養在室內，而且還是短毛品種的話，除非貓咪的身體真的很髒，否則就不一定要幫牠們洗澡；但如果是長毛品種的話，**有時光靠梳毛也不一定能夠把廢毛或身上的髒汙清理乾淨**。當貓咪的肛門周圍或爪子很髒、身上的味道臭到讓人無法忽視等等，給牠們洗澡就會是個不錯的選擇。

貓咪本來是生活在沙漠裡的動物，害怕下水是牠們的天性。許多的貓咪都非常討厭洗澡，也非常討厭進去浴室，所以最好從小就讓牠們習慣洗澡。洗完澡之後把身體弄乾是非常重要的步驟，但貓咪也很不喜歡吹風機的聲音以及吹風機的風，所以還請飼主利用玩具讓貓咪習慣吹風機的聲音與風吧。

貓咪一年才洗幾次澡而已，所以交給寵物美容沙龍應該也不錯。聽說有些貓咪給專業的美容人員洗過澡之後，就再也不排斥給人洗澡了。

大部分的貓咪都不喜歡洗澡，但還是有一部份的貓咪很喜歡，都會乖巧地待在浴缸裡面泡澡。貓咪不討厭洗澡當然沒問題，**但為了安全，在貓咪泡澡時千萬不可以分心去做其他事情，以免貓咪不慎溺水。**

貓咪也可能自己跑到浴室裡，外出之前一定要把浴缸裡的水放掉，免得貓咪溺水。

清理身體

身上的髒汙可以局部清洗或用熱毛巾擦拭

假如貓咪的身體只有一小部分有髒汙，飼主也可以只清潔這些部分，不必把全身都弄溼。局部清潔時一樣要把弄溼的部分完全吹乾。放著溼掉的部分不管的話，會引起皮膚方面的問題。

貓咪不喜歡把身體弄溼的話，飼主也可以用熱毛巾幫貓咪把身體擦乾淨。市面上都買得到寵物專用的乾洗劑與潔膚巾等清潔用品。

貓咪比較常弄髒的部分有耳朵前側、額頭、嘴巴周圍、下巴、肛門周圍等等，幫貓咪擦澡的時候，記得要把重點放在這幾個部位。貓咪討厭擦澡的話，就用零食吸引牠們的注意力，或一邊輕聲安撫牠們吧。

定期擠肛門腺

貓咪的肛門有個稱為「肛門腺」的分泌器官。肛門腺的分泌液通常都會隨著大便一起排出，但只要這些分泌液積在肛門囊，就會造成肛門搔癢或發炎。

貓咪的肛門發出臭味，可能就是肛門腺的分泌液積在肛門囊，所以飼主在幫貓咪洗澡的時候也要幫貓咪擠肛門腺。擠肛門腺的時候，先想像一下時鐘上的數字位置，然後用手指捏住肛門對應到數字四與數字八的位置，稍微用力地擠壓這兩點之後，就會有臭臭的咖啡色液體流出來。也可以在健康檢查的時候，拜託動物醫院的醫生幫忙清理肛門腺。

清理身體

養成一～兩天一次的刷牙習慣

為了預防貓咪出現牙齦炎等口腔問題，就必須給貓咪刷牙。每天刷一次牙是最理想的頻率，真的不行的話，至少也要每兩天刷一次牙。

飼主在幫貓咪刷牙時，不要直接拿出牙刷去刷牠們的牙齒，而是要先讓牠們習慣給人用手指觸碰嘴巴周圍，等到貓咪不討厭被人碰觸嘴巴周圍之後，接著再試著搓一搓牠們的牙齒。要像這樣一個步驟、一個步驟慢慢來，最後再拿出牙刷幫貓咪刷牙。

市面上也有潔牙紗布巾或潔牙骨可以給貓咪潔牙，但只有用牙刷才能清出牙齦囊袋裡的牙垢。不過，飼主倒是可以把潔牙紗布巾捲在手指上，練習把手指伸進貓咪的嘴巴裡。食物殘渣或牙垢特別容易卡在犬齒旁邊的「前臼齒」，所以飼主要翻開貓咪的嘴唇，迅速地幫貓咪把這顆牙齒刷乾淨。

放著牙垢不管的話，最後就會變成牙結石，而且牙結石會緊緊地附著在牙齒上，非常難以剝除。牙結石就是成團結塊的細菌，所以當牙結石附著在牙齒上，就會引起牙齦炎。

要預防牙齦炎，除了飼主要確實地幫貓咪刷牙，健康檢查的時候還要請醫生檢查貓咪的牙齒狀況。動物醫院可以幫貓咪清除牙結石，只是貓咪必須全身麻醉才能進行洗牙，對貓咪來說會是一個很大的負擔。至於要不要洗牙，請跟獸醫師詳細討論以後再決定。

清理身體

不要用棉花棒幫貓咪清理耳朵

幫貓咪清潔與護理耳朵時，只清理我們眼睛看到的汙垢也沒關係。貓咪身體健康的話，牠們的耳朵就會具備自淨能力，將累積在耳道裡的汙垢排出耳道。

貓咪的耳朵大概每兩個星期就要清潔一次。摺耳貓的耳朵平常都是往下蓋著，不翻開看就不曉得狀況如何，所以飼養摺耳貓的人可能就要勤勞一點，要比一般貓咪的飼主更常幫貓咪檢查耳朵。

給貓咪擦拭耳朵時，只需使用棉花即可。貓咪的耳廓（外耳）如果出現了黑垢，就可以用棉花沾一點溫水，輕輕地幫貓咪把耳朵擦乾淨。使用棉花棒的話，當棉花棒伸進貓咪耳朵裡時，貓咪很有可能會突然生氣、掙扎，結果把耳道弄受傷，所以還是建議不要使用棉花棒給貓咪清耳朵。

飼主發現貓咪耳朵的汙垢比以往多、耳朵發出臭味、用腳去抓耳朵等等，可能就是貓咪的耳朵出了什麼問題，要盡早帶貓咪去看醫生。

清理身體

經常幫貓咪擦拭眼屎或淚痕

眼屎要用沾了溫水的溼棉花輕輕擦拭。

貓咪的眼睛周圍會因為眼屎或流淚而變髒，飼主要記得時常幫牠們把眼睛周圍擦乾淨。有些貓咪在身體健康的時候也會出現眼屎。放著眼睛周圍的眼屎不管的話，眼屎乾掉以後就會黏在毛上，變得很難清除。另外，當貓咪因為溢淚症等原因而大量流淚時，眼睛周圍的毛也可能會變色，變成所謂的「淚溝」。

當貓咪的眼屎或淚液比以往更多、眼屎的顏色呈現黃色等等，就要帶貓咪去看醫生，請醫生找出原因。有時候可能是因為某些疾病造成眼睛發炎，或是因為過敏、花粉症而造成眼屎變多等等。

清理身體

就算養在室內，也要做好跳蚤、蟎蟲防護措施

即使把貓咪養在室內，而且也注重環境清理，但外面的跳蚤與蟎蟲還是有可能跑到我們身上。跳蚤與蟎蟲不僅會造成貓咪皮膚方面的問題，人類被跳蚤咬到的話，也會出現嚴重的搔癢反應。另外，蜱蟲也是造成人類感染各種疾病的媒介，其中一種傳染病就稱為「發熱伴血小板減少綜合症（SFTS）」，一旦演變成重症，也可能因此致命。

跳蚤與蟎蟲的活躍季節主要是從五月到夏天的這一段時期。在跳蚤與蟎蟲活躍之前先幫貓咪點好驅蟲藥，就是最好的預防方法。市面上也買得到驅蟲藥，但動物醫院開的驅蟲藥更有效，讓人更放心。使用驅蟲藥時，只需在貓咪的脖頸後側點幾滴藥水，既不會疼痛，效果又持久。

除蚤項圈也可以預防跳蚤，但許多貓咪的體質都不適合使用，有些貓咪帶了除蚤項圈之後，就出現頭部脫毛、皮膚溼疹的情況。

健康管理

掌握健康時的狀態，才能察覺貓咪身體的變化

平常就要仔細觀察喔

貓咪就算身體不舒服，也不會開口說「我不舒服」或「好痛」；相反地，貓咪還會掩飾身體的不適。由於以前的貓咪生活在野外，一旦露出病懨懨的樣子，就很有可能被其他動物攻擊，所以後來的貓咪也承襲這個習性，習慣掩飾自己的身體不適。

也因為貓咪習慣掩飾身體不適，當貓咪出現明顯的身體不適症狀時，恐怕病情早已惡化。飼主是跟貓咪最親近的人，而飼主們絕對不能放過貓咪身上任何的細微變化，這才是最重要的。要發現貓咪「與平時不同」的身體變化，不二法門就是掌握貓咪健康時的身體狀況。飼主平常要仔細觀察貓咪的眼睛、鼻子、耳朵、嘴巴、皮膚、被毛或肛門周圍的樣子、走路姿勢等等。

另外，貓咪從小就習慣給飼主撫摸身體，也算是與飼主的一種互動，而飼主若能養成這樣的習慣，一定會很不錯。因為飼主透過撫摸貓咪的身體，可以確認貓咪身上有沒有腫塊、體溫會不會太高等，而且當貓咪出現不喜歡被人觸碰的反應時，也可以察覺到貓咪是否有身體疼痛等異狀。不論是哪種疾病，最重要的都是及早發現，才能及早治療。

健康管理

體重是健康的指標，每天都要幫貓咪量體重

貓咪的體型不大，哪怕只是一點點的體重增減，對牠們來說都是激烈的變化。舉例來說：5kg的貓咪與50kg的人類相比起來，同樣重量的體重增減，身體的變化就會有十倍的差異。貓咪體重增減100g的變化，就會相當於人類體重增減1kg的變化。

許多疾病的症狀都是體重的增減，所以我們要掌握貓咪健康時的體重，敏銳地察覺貓咪體重的增減。舉例來說，甲狀腺機能亢進症（P77）好發於高齡貓，通常有甲狀腺機能亢進的貓咪明明都有進食，體重卻還是一直在下降。飼主若能察覺到貓咪的體重在下降，有助於發現貓咪是否得到了甲狀腺機能亢進症。

單獨給貓咪量體重真的不容易，所以飼主可以固定每天都抱著貓咪一起站上體重機。飼主測量完抱著貓咪的體重之後，再單獨測量自己的體重，然後用貓咪＋飼主的體重扣掉飼主的體重，就可以知道貓咪多重了。

紀錄貓咪的體重，可以在看診時給醫生參考，這樣醫生也比較好掌握病況的發展。

最小單位為1g的電子體重計是個很方便的工具。

在貓咪身體健康時就要找好值得信賴的動物醫院

貓咪去動物醫院不光只有看病而已，還有接種疫苗、健康檢查、預防跳蚤與蟎蟲等等，許多事情都要由動物醫院代勞。而飼主別等到貓咪生病時才來尋找動物醫院，要事先找好值得信賴的動物醫院，才能放心。飼主可以趁著貓咪身體健康時，帶貓咪去醫院做健康檢查等等，觀察一下醫生及院內人員的樣子，以及動物醫院裡的氣氛。

現在也有符合國際標準「貓咪友善醫院」的動物醫院。這些動物醫院都有貓咪護理專任人員，能夠為貓咪提供高專業度與高品質的醫療，是貓咪飼主的安心好依靠。貓咪友善醫院會區分貓咪與狗狗使用的候診間與診療室，而且通常院內也會是友善貓咪的裝潢與設備。

若貓咪友善醫院位於飼主方便前往的地點，建議列入貓咪家庭醫生的口袋名單。

健康管理

每半年～一年進行一次健康檢查

平常仔細注意貓咪的樣子是一件很重要的事情，不過有些問題光看外表還是無法發現。而定期帶貓咪接受健康檢查，也有助於飼主及早發現問題。七歲以前的貓咪至少每年要做一次健康檢查，而貓咪從八歲開始進入高齡期，身體的病痛會慢慢地愈來愈多，高齡貓每半年接受一次健康檢查是最理想的。

每一間動物醫院的健康檢查項目不一定相同。基本的檢查項目有問診、觸診、視診、聽診（以聽診器檢查）、測量體重、血檢、尿檢、便檢等等，飼主希望做更多檢查的話，通常都可以再追加各種檢查項目。

健康檢查的結果如果有發現任何異常的話，動物醫院會再以X光或超音波做更進一步的檢查。而每間醫院的檢查費用也都不一樣，請飼主事先向動物醫院確認。

就算養在室內，也一定要接種疫苗

為了守護貓咪遠離傳染病的威脅，最重要的就是讓貓咪接種疫苗。有些飼主覺得既然都把貓咪養在室內了，就不需要給貓咪打疫苗，只不過，我們人類還是有可能把病毒從外面帶到家裡。另外，當貓咪寄宿在寵物旅館時，也有可能被其他寄宿的貓咪傳染疾病，所以大多數的寵物旅館，都會將接種疫苗設為寄宿條件之一。

在貓咪常見的傳染病中，也有一些疾病會危及性命。請務必給貓咪接種疫苗。

疫苗的種類

貓咪的預防針分為①任何貓咪都應該接種的核心疫苗，以及②有特定需求才需要接種的非核心疫苗（此外還有世界小動物獸醫協會不建議接種的「非建議疫苗」）。

請務必要讓貓咪接種核心疫苗。至於非核心疫苗，則請與貓咪的家庭醫生討論後再決定是否施打。

病名	三合一	四合一	五合一	可單獨接種
貓病毒性鼻氣管炎	●	●	●	
貓卡里西病毒感染症	●	●	●	
貓泛白血球減少症	●	●	●	
貓白血病病毒感染症		▲	▲	▲
貓披衣菌感染症			▲	
貓免疫缺陷病毒感染症				▲

●→核心疫苗、▲→非核心疫苗

接種時程＆注意事項

一歲以前接種三～四次

剛出生的乳貓會從母貓的母乳得到抗體的保護，但牠們身上的抗體大概在三個月大的時候就會消失，所以必須在這之前接種疫苗。一般認為按照WSAVA（世界小動物獸醫協會）建議的方針替貓咪安排接種疫苗的時間，可以讓貓咪獲得有效又安全的保護。

WSAVA 建議接種方針（核心疫苗）

接種時程	接種時間的範例
出生六～八週接種第一次	六週
⇩ 十六週以前，每二～四週接種一次（二～三次）	九週、十二週、十六週
⇩ 六個月大～一歲以前追加接種一次（透過增強效應強化免疫）	二十六週（六個月）
⇩ 以後每三年接種一次 ＊被傳染風險較高的貓咪為每年一次	三歲六個月（往後每三年一次）

中午之前接種疫苗更安心

建議在中午之前帶貓咪去施打疫苗。這是因為萬一發生副作用的話，貓咪才能夠在醫院還沒休診的時候立刻前往就醫。會出現劇烈休克反應的「過敏性休克」，通常都會在接種疫苗的三十分鐘以內發作，所以這段時間最好留在動物醫院裡，或在動物醫院附近停留片刻。

結紮手術在貓咪約四～六個月大時即可進行

如果不打算讓貓咪繁衍下一代的話，那就考慮幫貓咪做結紮手術吧。一般都建議在貓咪開始發情或進入性成熟階段之前，約四～六個月大時安排結紮手術。

沒有幫貓咪結紮的話，公貓在八～十個月大左右就會開始出現標記地盤的噴尿行為（P122）。而貓齡大於六個月的未結紮母貓一到春天或秋天就會進入發情期，發情的母貓會發出像人類小嬰兒一樣的大哭聲，以及變得很興奮、激動。

也有人說，公貓太早做結紮手術的話，比較容易得到貓下泌尿道疾病。另外，一般認為母貓在第一次發情之前就做完結紮手術的話，有比較高的機率可以避免得到乳腺瘤。

請飼主根據以上的內容與結紮手術的缺點（如下所述），與獸醫師討論是否要為貓咪做結紮手術，如果要做手術的話，要安排什麼時候進行，討論完畢之後再來考慮吧。

公貓的結紮手術

摘除睪丸。通常都是手術當天即可回家，或者住院一晚。

優點

- 比較不會有占地盤的意識，攻擊性降低。
- 免於性慾造成的壓力，性格變得比較溫和。
- 可以預防噴尿行為。

母貓的結紮手術

摘除卵巢與子宮。通常會住院一～兩天。

優點

- 預防與內分泌相關的乳腺瘤或子宮疾病。
- 免於發情造成的壓力。
- 可避免預期之外的受孕。

缺點（公貓與母貓皆同）

- 手術對身體造成負擔、麻醉的風險。
- 脂肪的代謝變差，容易變胖。

也有能幫助改善腸道環境的貓糧。

健康管理

用心幫貓咪提升免疫力，讓貓咪不生病

我們人類只要免疫力變差，就容易得到各種疾病，貓咪也是一樣。

要提升貓咪的免疫力，首先就是要給牠們營養均衡的優質飲食。許多與免疫有關的細胞都存在腸道，營養均衡的話，腸道的環境就會好，也就有助於提升免疫力。相反地，因為營養不均衡等原因造成腸道內的壞菌變多時，則會引起下痢、便祕、過敏等問題。有些貓糧或貓咪的保健食品，都含有可以改善腸道環境的寡糖。

另外，要提升貓咪的免疫力，減輕壓力也很重要。打造一個吃得好、睡得好、玩得開心的貓咪友善生活吧。

要預防失智症，就要善用營養保健品

當貓咪長期服用藥物時，營養保健品可能會影響藥效，因此使用之前務必向獸醫師確認。

貓咪用的營養保健品有很多種類，但不要覺得「好像都不錯」，就餵貓咪吃一大堆營養保健品。要餵貓咪營養保健品，最重要的是目的明確。

其中最具代表性的目的，就是預防失智症。有一些預防失智症的營養保健品在貓咪七歲左右開始餵給貓咪的話，就有達到預防失智症的效果，因此有許多飼主都會給貓咪補充這些營養保健品。貓咪的失智症跟人類一樣，一旦發病就不可能完全治好，而在發病之前就採取預防措施的話，能有效避免貓咪得到失智症。

除了預防失智症之外，許多飼主也都會給貓咪補充可以改善過敏、異位性皮膚炎、癲癇等症狀的營養保健品。另外，當貓咪由於攻擊行為、憂鬱症狀、強烈不安、恐懼，以致牠們出現固著行為（P124）等等的問題時，也有適合的營養保健品可以改善。

根據目的給貓咪使用適合的營養保健品，讓營養保健品助貓咪一臂之力吧。

關於貓咪的失智症

十五歲以上的貓咪
有半數會出現失智症的前兆

失智症（認知功能障礙症候群）是一種隨著年齡增長而出現的疾病，生病或頭部外傷等因素都不是直接導致失智症的原因。罹患失智症的貓咪，會因為腦部功能變差導致動作方面出現功能障礙、精神方面出現情緒不穩定等等各種變化。據說在十一～十五歲的貓咪當中，有二成八的貓咪會出現失智症的前兆，而十五歲以上則高達五成。

以藥物、
飲食療法等方式延緩惡化

一旦罹患失智症，就不可能痊癒，但只要及早發現、及早治療，還是有可能延緩惡化。貓咪若是得到了失智症，一定要與獸醫師討論如何抑制病情惡化。抑制失智症惡化的方式有藥物治療、使用營養保健品或處方貓糧的飲食療法等等。另外，壓力或不安的情緒也會造成病情惡化，所以要幫貓咪打造可以安心生活的環境，也要讓貓咪知道就算不小心大小便失禁，也不用害怕被責罵等等。

具代表性的失智症警訊

即使貓咪出現以下的徵兆，也有可能是因為其他的疾病、疼痛等原因造成，所以飼主要仔細觀察，並且向獸醫師確認清楚。

- ☐ **繃緊身體，一動也不動。**
- ☐ **睡覺的時間增加。**
- ☐ **無緣無故地大叫。**
- ☐ **突然變得有攻擊性。**
- ☐ **在同一個地方不停地徘徊。**
- ☐ **在貓砂盆以外的地方大小便的情況增加。**
- ☐ **不再幫自己舔毛。**
- ☐ **跟飼主撒嬌的次數減少。**

認識貓咪最常得到的五種疾病

在貓咪容易得到的疾病當中，需要特別注意的是這五種疾病。水分不足與肥胖是主要的致病因素，因此從貓咪還小的時候就要多加留心，努力別讓貓咪得到這些病。

慢性腎臟病

＜症狀＞
好發於高齡貓，由於年紀大或其他疾病的影響等等，導致腎臟功能變差。初期幾乎不會有任何症狀，一旦病情惡化，就會出現尿量增加、飲水量增加、食慾不振、嘔吐、體重變輕、貧血等症狀。當慢性腎臟病演變成重症時，也可能引起尿毒症，危及貓咪的性命。

＜治療＞
由於腎臟功能無法回復，所以只能以投藥或飲食療法延緩病情惡化。最重要的是透過觀察貓咪的飲水量與尿量，及早發現有無異常。貓咪在年輕時就攝取足夠的水分，有助於預防慢性腎臟病。

尿石症（尿路結石）

＜症狀＞
尿液當中的礦物質結晶化，而形成尿結石的一種疾病。水喝得少的話，尿液就會變濃，容易形成尿結石。有尿路結石的貓咪會頻繁地上廁所，卻經常排不出尿，排尿時也會感到疼痛、出現血尿等情況。尿道較狹窄且細長的公貓可能會出現結石卡在尿道的情況，有時甚至會因此造成尿毒症，危及性命。

＜治療＞
有些種類或大小的尿結石可以透過飲食療法來改善，而當結石卡在尿道的時候，就要將導管插入尿道，解決卡在尿道中的結石。有些尿路結石甚至必須動手術治療。

糖尿病

<症狀>

胰島素是一種由胰臟分泌的內分泌激素，而糖尿病就是由於胰島素分泌異常，而造成糖分代謝出現障礙的一種疾病。得到糖尿病的貓咪，通常也會出現營養狀態惡化、免疫力低下、神經方面的症狀等等。貓咪得到糖尿病的原因與體質有關，但肥胖與壓力也可能是原因之一。糖尿病初期的代表性症狀為大量飲水，當飼主發現貓咪出現這個症狀時，就要及早就醫。除此之外，糖尿病初期的貓咪還會出現尿量增加、毛髮狀況變差、正常進食卻逐漸消瘦等狀況。當病情變得更嚴重時，貓咪會變得沒有精神，有時還會出現脫水現象或嘔吐、黃疸等症狀。

<治療>

糖尿病的貓咪必須控制血糖值，有些貓咪只要靠飲食療法或投藥就能控制，但也有一些貓咪必須每天注射胰島素才行。

肝臟脂肪代謝障礙（脂肪肝）

<症狀>

由於脂肪代謝異常，以致脂肪累積在肝臟，進而造成肝功能障礙的一種疾病。中高齡的肥胖貓一旦好幾天都不吃東西，也有可能造成二次性的肝臟脂肪代謝障礙。要預防貓咪得到這種疾病，最重要的就是別讓貓咪過胖。肝臟脂肪代謝障礙的症狀有食慾變差、嘔吐、下痢等等，重症時則會出現黃疸、痙攣、意識障礙等等，危及性命。

<治療>

除了以點滴治療之外，如果貓咪屬於重症，也會在貓咪的胃部放置餵食管，注射高蛋白質的流質食物。

甲狀腺機能亢進症

<症狀>

由於甲狀腺激素分泌過剩，造成體內組織的代謝亢進的一種疾病，多發於高齡貓。代表性的症狀有無法冷靜、大量飲水、尿量增加、食欲旺盛但體重變輕等等。

<治療>

大致上分為兩種，主要為①內科療法，使用抑制甲狀腺功能的抗甲狀腺藥物，與②外科手術，切除腫大的甲狀腺。

冷靜判斷是不是正確的資訊

在日本，獸醫師協會或厚生勞動省的官網上也都有關於寵物與新冠肺炎的資訊。

關於新型冠狀病毒，已有數起由人類傳染給貓咪的案例，也已知貓咪之間會互相傳染。不過，目前（二〇二一年五月）尚未出現由貓咪傳染給人類的案例。

貓咪感染新冠肺炎時，會出現肺炎或消化器官方面的症狀，但也有一些案例的貓咪屬於無症狀感染。

關於新冠肺炎還有很多事情都不明確，也有許多錯綜複雜的消息。千萬不可以輕信錯誤的資訊，被這些資訊誤導而拋棄貓咪。

掌握有科學根據的正確資訊，不被謠言迷惑，是最重要的一件事。若是覺得不放心的話，就找獸醫師討論。

新冠肺炎

飼主別把病毒帶回家

養在室內的貓咪基本上是足不出戶的狀態，所以要預防貓咪感染上新冠肺炎，最重要的事就是飼主不可以把新冠病毒帶回家裡。首先要做的，就是做好預防措施，保護自己免於新冠肺炎的感染。

而且，飼主還要提前找好貓咪的寄宿地點，這樣萬一飼主感染了新冠肺炎，也不用太過擔心貓咪。有些地方會接受新冠肺炎確診者寄宿寵物，可以自己先搜尋看看這些資訊。

假如要到確診者的家中幫忙照顧貓咪，貓咪照顧者要採取的預防措施，也跟照顧確診者是一樣的，包括：不進入確診者所在的房間、確診者接觸過的東西都要消毒等等。若要避免貓咪不慎接觸到確診者，最好還是讓貓咪進入籠子裡，由確診者以外的人來照顧貓咪，才會更加安全。

將貓咪的飼料盆或飲水器、外出籠等用品進行消毒，基本上都沒什麼問題，但請不要直接在貓咪身上噴灑除菌噴霧，也不要使用除菌溼紙巾直接擦拭貓咪的身體。這些除菌用品可能含有有害貓咪的成分。

東洋醫學

針灸或漢醫也是治療的選擇之一

將漢醫運用在貓咪身上的情況也相當地常見。包括貓咪容易得到的慢性腎臟病（P76）、甲狀腺機能亢進症（P77），以及膀胱炎、重度便祕、慢性鼻炎等等，許多疾病都能透過針灸或漢醫來治療。

貓咪上了年紀之後，使用抗生素、止痛藥、類固醇等等的西醫療程，都會讓貓咪的身體愈來愈吃不消，所以有些飼主也會選擇讓貓咪接受漢醫的治療。

漢醫是根據每一隻貓咪的體質或特徵，來提高牠們本身具備的自癒力，藉此達到改善病症的效果。不論是替貓咪針灸，還是讓貓咪看漢醫，最要緊的都是讓貓咪沒有壓力地繼續接受治療，絕對不強迫。

漢醫獸醫師也會根據貓咪的症狀，開漢方藥給貓咪服用。一般人對於漢方藥的印象就是味道很苦、很難吃，但若把漢方藥混在泥狀的點心或罐頭裡，通常貓咪就會乖乖地把藥吃下去。除了粉末狀，也有顆粒形狀的漢方藥，獸醫師會按照貓咪的狀態，給予適合的藥劑。

基本上，漢方藥的副作用非常少，但使用的漢方藥與貓咪的體質不合的話，也可能會讓病情惡化。想要讓貓咪接受漢醫的治療，一定要請知識淵博且經驗豐富的獸醫師看診。

〈P80～82監修〉
西依三樹（獸醫師）
MISAKI動物醫院院長、
日本獸醫中醫藥學院講師
http://www.3e-misaki.com/

東洋醫學

讓身體暖和有很多好處

市面上也有可以在家自行操作的溫灸組合包。不過，就算貓咪再怎麼喜歡溫灸，也不可以過度使用。

俗話說：「體寒是百病之源。」一旦身體寒冷，血液的流動就會變差、免疫力也會變得不好，也就容易生病。

一般認為以溫灸驅除身體的寒氣，可以有效消除身體疼痛等問題。溫灸不僅可以直接對症治療，還可以使身體變暖，放鬆身心，對於消除壓力也非常有效。貓咪怕冷，所以基本上牠們都很喜歡溫溫熱熱的東西。有些貓咪在看診時明明很不開心，但在進行溫灸療法時看起來又非常舒服的樣子，飼主看了之後都覺得很神奇。

西藥的止痛藥多半都會讓身體變寒，有時一直讓貓咪吃止痛藥的話，反而可能會加劇疼痛的反應。而有些漢方藥具有使身體暖和、止痛的效果，有時漢醫獸醫師也會以溫灸搭配漢方藥一起使用。

對貓咪有效的主要穴道

貓咪身上也有穴道，給予這些穴道一點刺激的話，可以讓貓咪的氣血更加通暢，也有助於維持身體健康。穴道位置請參考下圖。如果飼主要給貓咪穴道按摩的話，可以向熟悉東洋醫學的獸醫師請教，做起來會更放心。

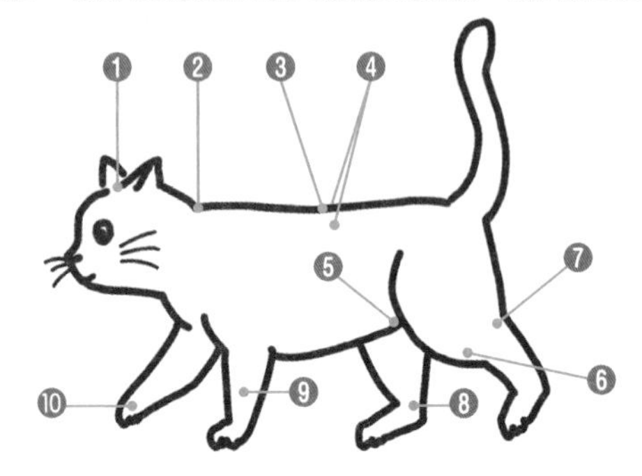

❶ 頭百會
位於兩耳之間的頭頂部位。可以抑制興奮或焦慮的情緒，讓貓咪放鬆下來。對於癲癇等疾病也有效。

❷ 大椎
位於頭部與頸部的交接處。別名「百勞」。可改善全身的氣血循環，對於許多疾病都有效果。

❸ 命門
位於對應到肚臍位置的脊椎之處。可配合腎俞穴、太溪穴一起按壓，能有效改善與預防貓咪容易得到的腎臟病。

❹ 腎俞
位於命門的左右兩側。貓咪屬於怕寒的動物，與命門穴、關元穴一起溫灸的話，可以溫經通絡。

❺ 關元
位於肚臍與恥骨連線之上，大約是肚臍往下約2／3的位置。對於腎臟、腸胃不好的貓咪都很有效果。

❻ 足三里
位於後腿膝蓋外側偏下方的凹陷處。能有效改善噁心想吐、下痢、便祕等消化器官的症狀，也有效改善食慾不振、精神不濟的問題。

❼ 陽陵泉
位於足三里往後一點的位置。對於改善肌肉痛、關節痛都很有效果。也有效預防甲狀腺機能亢進、肝膽疾病。

❽ 太溪
位於後腳的腳踝與阿基里斯腱之間。是腎氣匯集之處。能有效預防牙齒、骨頭、泌尿器官的疾病，以及便祕等問題。

❾ 曲池
位於前腳膝蓋外側。能有效止癢，也有助於精神安定。

❿ 合谷
位於前腳大拇趾與第二趾之間的凹處。能有效改善眼睛、口腔、牙齒、鼻子的疼痛或疾病。

2
章

貓咪心理健全的祕訣

本章將討論關於貓咪的心理壓力、性格、大腦與記憶等等，
每一項都是了解貓咪心情的必讀項目。
彙整各項重點，教你如何養出愜意自在又聰明伶俐的貓咪。

守護貓咪身心健康的「五個自由」

在過去欠缺動物福祉觀念的時代裡，人類虐待動物的情況層出不窮，不只殘忍地奴役馬、牛等動物，對待其他小動物也沒有憐憫之心可言，更不用說什麼擔心貓咪的身心健康，那幾乎是不可能發生的事情。

近年來，人類漸漸認同動物也是「有感受的生物」，盡力讓動物活在沒有壓力的環境之下，已是當今主流的飼育觀念，我們稱之為「動物福祉（Animal Welfare）」。這是一種以「使動物在身心方面獲得足夠的健康與幸福，並使動物與環境保持和諧的關係」為目標的新觀念。具體來說，滿足左頁介紹的「五個自由」，即是實現動物福祉的基本條件。

完整地達到這五個自由，才能為動物打造有益身心健康的生活。食物不足、被關在狹小的環境、生病卻無人察覺等等，哪怕只是欠缺其中一項自由，都會增加貓咪出現需求不滿足、內心矛盾的可能性。一旦這些情況拖久了，貓咪就會遭受痛苦與心理壓力折磨，有時也可能導致貓咪出現身心疾病。

貓咪所需的「五個自由」

免於饑渴的自由

給予足以維持健康的食物與水。

免於不舒服的自由

提供適合貓咪生活的飼育環境，
包括：適合的溫度、溼度、亮度等等。

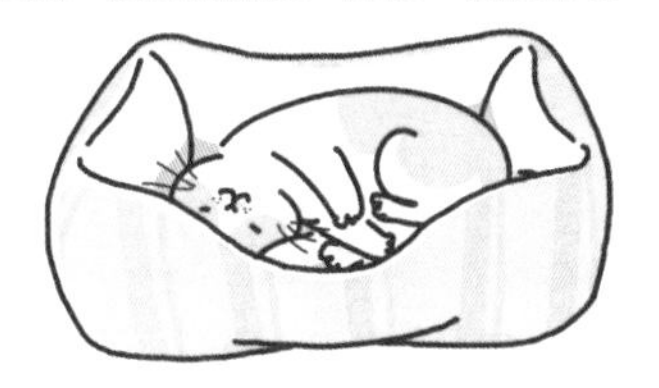

3

免於痛苦、傷害及疾病的自由

保護貓咪遠離疾病與傷害，
以及讓貓咪接受適當的醫療。

表達正常舉動的自由

讓貓咪可以按照牠們的本能或習性，
做出自然的舉動。

5

免於恐懼及憂慮的自由

保護貓咪免於恐懼與憂慮，
讓牠們不必為了某些事情而憂慮或驚恐。

了解貓咪的需求，讓貓咪擁有健全的心理

所有生物的行為都具備著順應習性或本能的動機（需求）。一旦這些動機獲得了滿足，不管是生理還是心理都會變得更加穩定，而這一點貓咪與人類都是一樣的。

這些需求有優先順序之分，順序如下：

①對於個體生存的需求

達到飲食、睡眠、呼吸、排泄、維持體溫的需求。

②與生殖相關的需求

性慾、母性慾望等等，關於傳宗接代的需求。

③發自內在的需求

好奇心或操作欲等等，順應興趣或熱情的需求。

④情緒方面的需求

「心情很好，所以想這麼做」、「因為很可怕，我要逃跑」等等的情感需求。

⑤社交方面的需求

依戀、讓步、攻擊等等，與他人有關聯的需求。

若按照這五個需求來看，所謂的「貓咪的健全生活」大概就會是這樣的感覺（人類飼養的家貓不太會經歷②的生殖需求，這邊就不再多提）：

①是在舒適的房間裡睡得好、吃得好、排泄順暢等等，有著健康規律的生活。③是可以開開心心地玩耍，覺得好奇就在家裡四處探索。④是得到好吃的零食、舒舒服服地給人摸毛。⑤是與飼主有良好的溝通、能夠得到飼主的稱讚。

假如貓咪每一天都能過上這樣的生活，那麼我想牠們就會擁有一顆健全又悠然自得的心。

了解貓心

對貓咪的心情「感同身受」，比「理解」更重要

在喜歡貓咪的人之中，有不少人都覺得「貓咪只要陪在我旁邊就行了」。也有人覺得「不黏不膩的關係剛剛好」。

不過，不去招惹貓咪與不理會貓咪，是兩碼子的事情。飼主抱持著「反正貓咪就是我行我素、陰晴不定、不必讓人多花心思」的想法而置之不理，對貓咪並不是一件好事。

貓咪會一直注意飼主的一舉一動，當飼主與貓咪之間的溝通不足時，貓咪為了排除這種受挫的感覺，可能就會亂發脾氣。貓咪與飼主的互動可以給貓咪的腦部帶來刺激，活化大腦，有助於貓咪的身心健康。

也許我們真的沒辦法弄懂貓咪的心情，就算我們出於義務想去了解牠們在想什麼，我們也會把那種尷尬的感覺傳達給貓咪。比起為了「無法理解貓咪的心情」而煩惱，飼主更應該將重點放在「陪伴」這件事上，例如：雖然我們不曉得貓咪為什麼要喵喵叫，但是在牠過來時，還是可以給牠摸摸頭、摸摸身體。

而要理解貓咪的心情與想法，先弄懂貓咪基本的肢體語言將會有很大的幫助（P88～92）。

貓咪也會想要了解主人。

了解貓咪的肢體語言

給人撫摸就會覺得很舒服、看到沒見過的東西就會覺得很可怕……，這些情緒都會表現在貓咪的表情與動作。當貓咪出現不同的情緒時，耳朵、鬍鬚、瞳孔、姿勢、尾巴的形狀等等就會出現變化。這些身體表現就是所謂的「肢體語言」。

讀懂貓咪的肢體語言是與貓咪溝通的重要橋梁，但要是藉此故意對貓咪做出牠們討厭的事情時，可能就會失去貓咪的信任，被貓咪討厭。

在解讀貓咪的肢體語言時，最重要的是觀察貓咪從頭到尾的模樣，別只是看耳朵或尾巴等部位而已。另外，還要配合動作前後的狀況，觀察貓咪是在什麼情況下出現這樣的肢體語言。除了身體的動作之外，貓咪的叫聲也會反映出他們的心情。

配合表情、動作與聲音，就可以試著去判斷貓咪的心情。接著就來介紹貓咪常見的肢體語言。

臉部的肢體語言

眼睛（瞳孔）、耳朵與鬍鬚的肢體語言都很好用來判斷貓咪的心情。瞳孔的大小不只會受到亮度的影響，也會隨著心情的起伏而發生改變。

平常心

耳朵自然地往前傾，鬍鬚也自然地往下垂，瞳孔為一般的大小。全身上下都很放鬆，表情很自在。

興致勃勃

瞳孔放大，眼睛炯炯有神。耳朵跟鬍鬚都會朝著牠們感興趣的方向，以收集情報。

不安

故作鎮定，內心在糾結到底要不要逃跑。覺得愈不安的時候，耳朵就會壓得愈平，瞳孔也會變得圓滾滾的。

恐懼

瞳孔放大，耳朵微微向後折，鬍鬚用力往上翹起。有時也會發出哈氣聲來威嚇對方。

威嚇

逞強時的瞳孔會變得又細又長，表情就像在狠狠瞪著人一樣。耳朵會微微往後翹，鬍鬚則是往前。

身體、姿勢的肢體語言

當貓咪愈害怕、緊張的時候，
牠們的身體姿勢就會呈現很用力的狀態（亦可參考P103）。

平常心

全身上下呈現都很放鬆的自然狀態。背部直挺挺的，尾巴往下垂，耳朵朝前。

掩飾恐懼，威嚇對方

耳朵往下蓋，把背拱得高高的，全身炸毛。尾巴也會豎直，並且炸毛。這是貓咪虛張聲勢的姿勢。

攻擊

貓咪在虛張聲勢來威嚇對方的時候，為了讓自己身體看起來更雄壯，就會把自己的屁股翹得高高的。前腳充滿力量，彷彿隨時都可以飛撲過去。

恐懼

貓咪非常恐懼的時候，會壓低身體、拱起背部，變成蹲伏的姿勢。耳朵也會壓得低低平平的，尾巴則是垂著搖來搖去。

放鬆

身體捲成一團，呈現就算不能立刻逃跑也無所謂的安心姿勢。把前腳往內收到肚子底下的折手坐（P21）也是貓咪覺得放心時才會出現的姿勢。

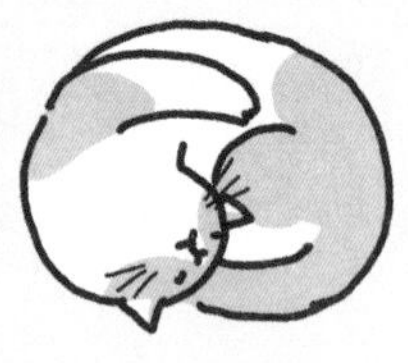

尾巴的肢體語言

有一種動物搖尾巴不一定是代表開心，那就是貓咪。

尾巴朝下
→觀察、備戰
尾巴往下垂，但看起來在用力的話，那就是貓咪帶著警戒心在觀察或備戰。

垂直往上翹起
→撒嬌
尾巴自然不用力地往上翹起。是幼貓在讓母貓舔屁股時的狀態。

毛豎起來、炸毛
→威嚇、生氣
內心其實怕得要命，但為了嚇跑對方就會把尾巴的毛豎直，讓尾巴看起來蓬蓬的。

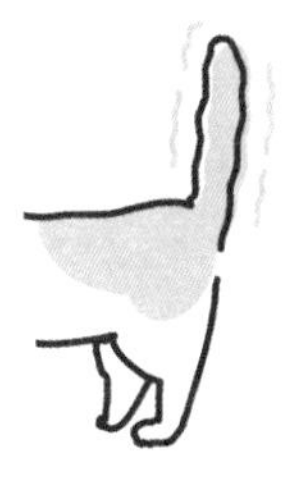

抖動著豎立起來的尾巴
→開心
豎直的尾巴左右抖動、微微顫抖，那就是「好開心」的心情。

尾巴前端慢慢搖晃
→觀察動靜
有點在意、覺得不太耐煩，但還是一邊觀察動靜。

尾巴前端晃來晃去
→感興趣
尾巴只有前端一直搖來搖去的話，表示牠們對於眼前的東西興致勃勃。

大幅度地左右擺動
→不耐煩
尾巴大幅度地左右擺動的話，那就代表貓咪已經覺得很不耐煩了。

舒服地往下垂放
→放鬆
自然地往下垂放的話，代表貓咪處於放鬆的狀態。尾巴不用力。

用叫聲傳達的心情

貓咪的叫聲也是牠們的溝通工具之一。
在牠們的叫聲當中，隱含著許多想告訴飼主的事情。

打招呼、回應
「喵」
在跟飼主或飼主的家人等熟人、住在一起的貓咪打招呼時，會輕輕柔柔地叫一聲；聽到有人在呼喚自己時，也輕輕地叫一聲來回應對方。

要求
「喵～」
跟人類撒嬌、賴皮，吵著「我想吃飯」、「跟我玩」等等時發出的叫聲。如果拉長音，變成「喵～～～～」的話，也可能是因為覺得不爽。

舒服
「嗚喵嗚喵」
覺得食物太好吃了，不自覺就發出的舒服叫聲。也有人說，牠們小時候吸母奶時就會發出這個聲音，長大之後還是這樣叫。

安心
「呼—呼」
解除緊張之後的聲音，比較像是鼻子的呼氣聲，不像嘴巴發出的叫聲。以人類的情況而言，就像嘆氣聲一樣。

好痛！
「嘎！」
像是尾巴被踩到等等，突然嚇一大跳或遭受劇烈疼痛時發出的叫聲。聽到貓咪發出這個叫聲的話，要確認一下牠有沒有受傷。

威嚇、恐懼
「哈—！」
為了保護自己的地盤而發出警告的叫聲。貓咪會為了避免起衝突而嚇跑入侵者。

興奮、注意
「嘎嘎嘎」
看到院子裡有小鳥等動物而刺激了狩獵本能，或是貓咪在玩耍的時候，都會發出這個叫聲。有時聽起來也像「喀喀喀」。

呼喚異性
「啊～嗚，啊～嗚」
發情時、呼喚異性時的叫聲，而且音量很大，遠遠地就能聽到。公貓跟母貓都會發出這個叫聲。

貓咪的內心也會成長，擁有人類兩歲半左右的情感

寵物貓比較容易保有幼貓的樣子，隨時隨地都愛跟人撒嬌，老是像個貪吃鬼一樣。

貓咪跟人類一樣，隨著年紀的增加，心智也會慢慢地成長。貓咪大概在二～四歲以前，心智都還是像隻幼貓一樣，過了四歲以後，牠們就會漸漸地找到自己在群體之中的定位，不會再像以前那樣胡亂搗蛋。若以人類飼養的貓咪來舉例的話，牠們在半夜裡跑來跑去的行為會比以前更收斂，展現出沉著穩重的模樣。

而貓咪的心情不會像人類那麼複雜，牠們主要的心情就是生氣、開心、恐懼、驚嚇、難過等等，一般認為貓咪具備人類在兩歲半左右之前的情緒。

另外，人類飼養的貓咪在長大之後，比較容易出現頑皮、淘氣的行為。這是因為以前的人類在馴化野生動物成為家畜的時候，採用了讓動物保留稚氣的方式，來降低野生動物的攻擊性。而貓咪在被馴化的過程中也是使用相同的方式，所以人類飼養的貓咪感覺起來會比野貓更天真、稚氣。

而且，貓咪很早就接受結紮手術的話，便不會有所謂的性成熟，所以牠們就會很明顯地保留下接近本能的需求。因為這樣，貓咪才會出現許多順應本能需求的行為，讓人覺得牠們很調皮、淘氣。

掌握貓咪性格的傾向，以適合的方式與貓咪相處

膽小的、親人的、愛生氣的……，貓咪也有各種不同的性格。至於貓咪會是怎樣的性格，有人說遺傳因素與環境因素各占一半。

在遺傳的因素當中，「容易與人親近」這項特質就是來自貓爸爸的遺傳。貓爸爸的個性比較親人的話，牠跟母貓生的小貓也比較容易具備與人親近的性格。不過也有實驗指出，就算貓咪天生再怎麼親人，假如出生一直以來都沒被人類照顧過的話，牠們從一歲左右就會開始討厭人類了。

另外，還有人說母貓在孕期當中承受的壓力大小會影響到貓咪的性格。貓媽媽承受的壓力愈大，生下來的小貓對於壓力就愈敏感，通常這些小貓會有很強的警戒心，也容易感到驚恐害怕。流浪貓之所以都比較膽小，一般認為是由於野外的母貓在懷孕過程中，極有可能承受了來自各方面的壓力。

貓咪在什麼樣的環境下成長，也會影響到他們的個性（參考P106）。貓咪在沒有壓力的環境下快快樂樂地成長，就會變成一隻逍遙自在的貓咪；相反地，貓咪如果生活在充滿壓力的飼養環境，就有可能變成一隻攻擊性或警戒心很強的貓咪。

我們希望飼主對於貓咪的飼養方式、提供給貓咪的成長環境，都能給牠們的性格帶來正面影響。

貓咪的五個性格要素

貓咪的性格是由以下五個要素組合而成，有些要素占的比例多，有些要素占的比例少。這五大性格是根據人類的五大人格特質（Big Five）設計出適用於貓咪的性格分類，稱為「貓咪五大性格（Feline Five）」。

※以下的說明為該性格特質所占的比例較多的情況。若該性格特質所占的比例較少，貓咪的性格就會與說明當中的情況相反。

如果是很神經質的貓咪，就要慎重地、慢慢地拉近與牠的距離。

1 神經質的傾向

愛擔心又膽小，要花比較多時間才會信任別人，也比較不容易適應新環境。喜歡獨自生活。

2 外向

好奇心旺盛，精力充沛。很喜歡蹦蹦跳跳地玩著玩具。對於周遭的環境充滿興趣，對其他貓咪也會也非常有興趣。

貓咪的個性外向又具有協調性的話，通常比較好飼養。

3 控制傾向

容易對其他貓咪或飼主出現攻擊行為，屬於愛跟人打架的類型。流浪貓多屬於此特質，自由自在、為所欲為。

4 衝動

性格善變，讓人無法預測牠的行動。也許到昨天為止還會吃的食物，今天就突然不想吃等等，常有類似的行為出現。

5 協調性

愛跟人撒嬌，對其他貓咪的態度也很友善。很喜歡跟飼主的互動，適合當寵物貓。

性格

貓咪的興奮會透過玩耍來發洩

以性格特質來說，貓咪若是容易興奮，就代表牠的衝動特質比較高。先天的部分不太容易改變，但環境因素與飼養方式也可能有讓貓咪變得更容易興奮。請飼主回想一下貓咪必要的「五個自由」（P85），看看貓咪平常的生活環境，是不是可以滿足牠們的本能需求。

舉例來說，當貓咪一直都處於運動不足的狀態時，牠們就容易變得焦躁、興奮，因此飼主可以打造一個讓牠們發揮本能的空間，例如：設計一個地方讓牠們逃脫、裝設貓跳台讓牠們可以跳上跳下等等。

我們還可以透過玩耍來消除貓咪的焦躁或興奮的情緒，這樣牠們才不會出現自殘或攻擊行為、破壞性衝動。飼主可以稍微激動地揮動逗貓棒，激起貓咪的狩獵本能等等，用安全的方式消除造成貓咪興奮過頭的需求不滿。

有些高齡貓是因為失智症的緣故才會變得很興奮，所以像這種沒辦法透過遊戲消除的興奮問題，就要與獸醫師討論一下。

貓咪突然變興奮，背後的原因可能是牠們有著想要到處活動的需求。

性格

貓咪害怕到躲起來時，要耐心等牠們自己走出來

貓咪在害怕的時候，第一個會出現的動作就是「逃跑並且躲藏」。這是野外的貓咪為了生存的重要本能。

帶回家飼養的貓咪害怕得跑到某個地方躲起來的話，這時就不要一邊喊一邊找牠們，就算找到了也不要把牠們抓出來，要等牠們自己從藏身之處走出來。

不過，一直都沒有喝水或進食的話，可能也會不小心弄壞身體，所以要是貓咪躲了好幾個小時都不出來的話，那就把飼料跟水放在可以讓牠們默默地離開藏身之處，又不會被人注意到的地方。還要記得放貓砂盆，牠們才不會因為憋尿而引起腎臟疾病。

飼主也記得要確認一下有沒有什麼聲音、氣味、物品讓貓咪感到害怕。當貓咪開始出現害怕的反應時，請仔細地觀察一下周遭環境是否有跟以往不同的地方。

社會化

讓貓咪從小就開始習慣將來會遇到的事情

為了讓動物與牠們的同伴或人類順利地住在一起生活，從小就要讓牠們習慣各種事情，我們將這樣的過程稱為「社會化」。確實經過社會化的動物會比較容易接受新的事物，培養出沉著穩重的特質。

許多人都知道狗狗要經過社會化，而貓咪通常活得比較無拘無束，所以不少人都覺得貓咪並不需要。不過，貓咪其實還是必須經過社會化，出生後的兩～九週是牠們「社會化的敏感期」，對貓咪而言非常重要。

在這個時期如果能待在母貓的身邊，貓咪就能跟著父母與手足一起成長，學習社會規則。乳貓在給母貓舔毛、與其他小貓一起玩耍的過程中，就會發現其他貓咪並不可怕，也可以親身體驗到跟手足玩耍時的力道大小、跟媽媽撒嬌時的輕咬力道。

如果貓咪從小就給人類飼養的話，那麼就要盡早讓牠們習慣將來可能會遇到的情況，以及之後可能會遇到的人，例如：飼主以外的其他人、同居貓、動物醫院、遷移或清潔保養、搭車移動等各式各樣的人事物。

我已經是大人了

就算接回家養的貓咪早已過了適合社會化的年紀，但只要多花一點時間，還是有可能讓貓咪慢慢地社會化（參考P100）。

社會化

從小小的刺激開始慢慢地習慣

貓咪的社會化要一步一步慢慢來，從小小的刺激開始給予。突如其來的可怕體驗，可能會造成貓咪的心理創傷。

舉例來說，要讓貓咪習慣刷牙的話，不要直接把牙刷放到貓咪的嘴裡，而是先讓貓咪習慣給人摸嘴巴。貓咪不僅要習慣被人觸碰嘴巴，在社會化的階段就習慣給人觸摸身體，也是非常重要的一件事。

在貓咪進行初體驗的過程中，還有一個很好用的妙招，那就是餵貓咪吃一點零食，讓牠們不要那麼專注在刺激的事情上。另外，體驗完畢之後也餵貓咪吃一點零食，讓牠們留下好的回憶，這同樣是讓貓咪練習社會化的重點（參考P118）。

也建議讓貓咪從小就定期去體驗每隻貓咪都不喜歡的一件事，那就是到動物醫院看病。可以的話就帶牠們去「貓咪友善醫院」（P68），一定會很有不錯的經驗。讓貓咪體驗一下動物醫院的人如何安撫坐立不安的貓咪，想必可以幫助貓咪，讓牠們覺得「動物醫院是個好玩的地方」吧。

社會化

就算長大了，還是有機會克服不擅長的事

我們將貓咪接回家養的時候，貓咪可能早已過了社會化的階段，牠們害怕、討厭、不擅長的事情都已經成了定局。看到家裡有訪客就會逃跑，打開吸塵器就嚇得要命……，是不是過了那個年紀之後，就來不及克服這些害怕或討厭的事情了呢？

直接講結論，那就是**只要多花一點時間，還是有機會可以克服的。當貓咪要做討厭的事情時，飼主就同時搭配牠們會覺得開心的事情，給牠們一起體驗**。就像P99提到的方法一樣，當貓咪正在做或已經做完牠們討厭的事情時，給牠們吃一點零食，**讓牠們用「好好吃」、「還不錯」的心情，覆蓋過「好討厭」、「好可怕」的心情**。

舉例來說，假設貓咪光是看到外出籠就落荒而逃的話，那麼飼主平常就要把外出籠放在房間裡，讓貓咪習慣外出籠的存在。等到貓咪習慣之後，接著就在外出籠旁邊餵牠們吃零食，貓咪如果還會自己跑進去籠子的話，一樣給牠們吃零食。在這個過程之中，牠們就會覺得「外出籠＝在這裡可以獲得好吃的東西」，形成正面的印象。

讓貓咪習慣吸塵器的步驟
請參考P175喵

社會化

珍藏的零食就要在特別的時機拿出來

要把討厭的經驗改寫成美好的記憶時，**就要派出珍藏的零食**。若使用每天都在吃的零食，那就沒有什麼新鮮感，可能沒辦法讓貓咪在腦海裡烙印下美好的回憶，因此要使用貓咪最感興趣的那一款零食。

至於貓咪最感興趣的零食是什麼，就要仔細觀察貓咪吃零食時的模樣，找出牠們不管什麼時候都愛吃的那一款零食，並且在家裡常備這些零食。而這些零食**平時都要收起來放好，至於貓咪每天要吃的點心，就給牠們第二順位、第三順位的零食吧**。

除了用來覆蓋貓咪的記憶之外，不小心讓貓咪偷溜出門時，也可以利用珍藏的零食把牠們召喚回來（參考P192）。

column 生活要有規律，但偶爾也要體驗新事物

貓咪不喜歡改變，一成不變的日常讓牠們感到很安心。不過，一次又一次的新體驗可以增加貓咪的抗壓性，也會提升貓咪內心的靈活度以及適應力。在讓貓咪體驗新事物時，記得要在一旁協助牠們，讓這些經驗成為美好的記憶。

壓力會讓貓咪出現這些症狀

當「五個自由」（P85）的其中一項或多項受到阻礙時，貓咪就會產生壓力。而其中讓貓咪覺得最有壓力的情況，就是身體出現了伴隨疼痛的疾病，以及感受到緊張、不安、恐懼等精神方面的威脅。

當貓咪覺得有壓力的時候，牠們就會出現各式各樣的症狀。飼主比較容易察覺到的症狀之一，就是貓咪會固執地一直舔身體同一處的毛。這是由於壓力導致人或動物出現重複行為的「固著行為」（P124）之一，有些貓咪甚至會把自己的皮膚舔到受傷。

貓咪一直抖耳朵，也是壓力表現之一。

除了舔毛之外，壓力大的貓咪也會出現其他行為，以下是幾個比較有代表性的表現：

- 沒有食慾。
- 食慾增加（這是為了囤積熱量以應付壓力狀況才出現的暴飲暴食）。
- 變得有攻擊性。
- 上了好幾次廁所，卻都尿不出來（膀胱炎的徵兆）。
- 沒辦法在正確的位置大小便。
- 一直把吃下去的東西再吐出來。
- 吸吮、啃咬毛巾等布類（Wool Sucking）。
- 一直喵喵叫。
- 一直迅速抖動耳朵或左右搖頭。
- 背部的皮膚發生痙攣。

當壓力的症狀變得更嚴重時，就會進入憂鬱狀態，牠們可能不再對人事物出現反應，也可能會躲起來不肯見人等等（參考P111）。一定要及早找出造成貓咪壓力的原因，並且想辦法改善。

緊張程度與姿勢的關聯圖

※臉部表情及尾巴動作請參考P89～91。

放鬆 → 緊張、恐懼

	身體	肚子	頭	動作
非常放鬆 	・仰躺大字睡 ・側睡	・有時會把肚子朝上給人看 ・慢悠悠地呼吸。	・把頭靠在地上	・打盹 ・休息

稍微放鬆

姿勢：腳伸直躺下、折手坐、平常的坐姿等等

稍微緊張

姿勢：腳貼在地面上的低蹲姿勢、平常的坐姿、抬頭看周圍等等

	身體	肚子	頭	動作
非常緊張 	・坐著、低蹲 ・站起來走動 ・壓低下半身	・把肚子藏起來 ・一般的呼吸	・把頭伸得比身體還高 ・有點縮著脖子	・打算逃跑 ・探索周圍

感到害怕

姿勢：壓低下半身、縮著脖子、壓低身體移動等等

	身體	肚子	頭	動作
非常害怕 	・蹲著發抖 ・壓低身體	・把肚子藏起來 ・呼吸急促	・比身體還低 ・動也不動	・固定不動 ・保持警戒地繞來繞去
極度驚恐 	・趴著發抖	・把肚子藏起來 ・呼吸急促	・固定在比身體還低的位置	・動也不動

※擷取自Cat Stress Score（Kassler & Turner 1997）並經過重新編輯。

給予貓咪成就感與滿足感，可以讓牠們消除壓力

若想要消除貓咪的壓力，讓牠們專注於某件事上會非常有效。例如：盡情地玩玩具、磨爪子等等。只要貓咪專注在其他事上的時間變多，牠們不安的時間就會變少。

飼主與貓咪的互動能讓貓咪獲得安心感，有助於消除牠們的心理壓力。

而貓咪本身也會為了消除壓力，而出現所謂的「替代行為」。這是指貓咪覺得有壓力時，為了平心靜氣或排遣討厭的情緒，就會出現毫無關係的行動。例如：當貓咪沒有成功跳到高處時，不曉得各位有沒有看過牠們突然開始幫自己舔毛的樣子呢？乍看之下好像是牠們感到難為情，但其實牠們是在一邊舔毛，一邊平復自己的心情。

貓咪出現替代行為是很自然的事，並沒有什麼問題，但壓力一直沒有解除的話，貓咪就會反覆地出現舔毛、磨爪子等等的替代行為，有時甚至可能對生活造成影響。這時飼主如果沒有想辦法解決牠們的壓力，替代行為就不可能自然消失。

直到心情平復才會停止磨爪，磨爪能消除心理壓力。

壓力

檢討自己有沒有溺愛貓咪的行為

雖說貓咪與飼主的互動有助於消除貓咪的心理壓力，但是過度的互動反而也會給貓咪造成更大的壓力。

看到自己心愛的貓咪這麼可愛，我們當然也可以理解飼主想要抱一抱、摸一摸牠們的心情，但是這種無視貓咪心情的溺愛行為，只不過是在滿足飼主自己而已。若貓咪給人摸到一半就走掉，那就是代表牠們現在想要跟人保持距離。

另外，飼主在給貓咪摸摸的時候，如果貓咪把耳朵往兩邊壓平、眼睛半睜半瞇、尾巴開始甩來甩去，那就是表示牠們覺得「差不多了」。要敏感地察覺這些肢體語言（P88～91），體諒貓咪的心情，不對貓咪做牠們不想做的事情，才是真正的愛。

影響貓咪抗壓性的因素

曾有研究分析人類的抗壓性是否與遺傳基因有關，發現人類確實存在著容易感到不安的基因，而抗壓性比較低的人正是擁有這個基因。

貓咪的抗壓性高低同樣也可能與基因有關。我們在P95提過貓咪的「五大性格特質」，天生具有神經質傾向的貓咪比較難適應環境的變化，容易形成壓力。另外，協調性較差、衝動性較高的性格，也會讓貓咪比較容易產生壓力。

此外，一般認為以下敘述的後天要素會影響到貓咪的抗壓性。

①多貓家庭

每天都有貓咪會跟自己搶食物、爭睡覺的地盤等等，這些事情會讓貓咪的內心產生矛盾，也會導致牠們的需求無法被滿足，所以更容易形成心理壓力。

②過早斷奶

很小就離開母貓身邊的貓咪，通常會有明顯的不安情緒，也會特別地敏感。也有報告指出這些貓咪的攻擊性會比較高。

③疾病

生病的貓咪會更容易覺得有壓力。

想要提高貓咪的抗壓性是一大難事，但我們還是希望飼主在照顧貓咪的時候，都能夠及早發覺並消除貓咪心中萌發的壓力種子。

給貓咪一些能刺激生活與心情的「良性壓力」

要說壓力通通都不好，倒也不是這麼一回事。或多或少的緊張感能為生活及內心帶來刺激與起伏，是非常重要的作用。當那份緊張感解除，轉變成「我辦到了！」、「太好了！」的愉快情緒（成就感或滿足感，P115）時，就會成為正面的壓力。我們將這樣的壓力稱為「良性壓力（愉快壓力）」。

例如：當貓咪取出藏在益智玩具裡的零食時，原本「拿不出零食」的壓力就會因為最後成功得到零食，而變成開心的心情。另外，飼主在給貓咪做訓練的時候，貓咪起初也許會對於飼主的要求感到有壓力，但是當牠們成功通過指令，得到飼主的稱讚或獎賞時，就會瞬間變得很開心。

就像這樣，雖然貓咪覺得有壓力，但短時間內可以得到緩解，就會是所謂的「良性壓力」。

益智玩具可以有效地讓貓咪獲得良性壓力。

環境的變化是最大的壓力來源，要多多注意

貓咪是一種很不喜歡環境出現變化的動物。牠們很討厭不認識的人或東西跑進自己的地盤（勢力範圍）。而對於家貓而言，現在住的這個家就是牠們的地盤。

不過，比起被丟到一個全新的環境裡，周遭環境的改變對牠們造成的壓力還是比較小一點，所以當飼主因為旅行等等而連日外出時，請貓咪保母到家裡照顧貓咪，也許會比去其他地方寄宿更好一點。

另外，**日復一日的規律生活被人打亂，也是造成貓咪心理壓力的原因。在同一個時間點做同樣的事情，每天的生活都有一定的規律，對貓咪而言就是一種幸福。**例如：貓咪一旦固定在某個時間玩耍之後，牠們在那之前就會做好玩耍的準備，大腦也早已分泌了跟「幹勁」、「開心」有關的神經傳導物質「多巴胺」。與貓咪住在一起的人改變了平時的生活規律時，例如：平常到了這個時間點應該早已出門的飼主竟然還待在家裡等等，貓咪也會敏銳地察覺到這些改變。

希望飼主都能盡量讓貓咪過著固定不變的日子，要是生活出現不同的事物時，也要好好地追蹤貓咪的狀態。

容易讓貓咪產生壓力的事情

搬家

搬家意味著環境發生劇烈的改變，對貓咪而言是巨大的壓力！飼養貓咪時若有搬家的需要，請參考P190～191的搬家步驟。

若是擔心搬家造成貓咪心理壓力的話，也可以**請動物醫院開抗焦慮藥物，配合搬家的時間給貓咪服用**。

GABA神經傳導物質的抗焦慮藥物作用的時間短，使用起來很安全。這些藥物可以穩定貓咪的心情，降低大腦的喚醒度，可以有效地減少貓咪對於搬家的記憶。

室內裝修

當室內進行裝修時，不只會有**裝修人員進入家中，家裡的模樣也會改變，等於出現雙倍的壓力**。裝修完成之後，貓咪也可能為了在新的壁紙留下自己的氣味而把尿液濺在牆上，「噴尿」行為變得愈來愈多。飼養貓咪的家庭盡量避免進行室內整修，貓咪也會覺得更安心。

若真的非不得已要進行裝修的話，那就一間一間依序進行，而貓咪就關在沒有進行裝修作業的房間裡（也可以參考P190的搬家指引）。如果房間不夠的話，請盡量把貓咪關在外出籠，並用毛巾等物品蓋住籠子。

飼主生小孩

貓咪看到小嬰兒都會出現警戒心，覺得「有不明生物出現」。不過，畢竟嬰兒的活動量不大，對貓咪構不成太大的威脅，通常貓咪都會慢慢地習慣小嬰兒的存在。另外，由於飼主的注意力經常都在小嬰兒的身上，貓咪有時也會出現吃醋的反應（解決對策請參考P138）。

居家辦公

飼主原以為自己陪在貓咪身邊的時間變多之後，貓咪應該會因此覺得開心，卻沒想到**牠們並不喜歡規律的生活被人打亂了**。例如：雖然到了平常睡覺的時間點，卻可能被飼主的動靜干擾，或被飼主逗著玩耍等等，這些作息的改變都可能對牠們造成心理壓力。希望飼主可以體諒一下貓咪的作息，盡量移動到其他房間工作，而且也別改變平常陪伴貓咪的時間點或方式。

飼主結婚

讓貓咪不認識的人住進家裡，對貓咪而言是一種壓力，有時甚至會導致牠們出現噴尿等問題行為。結婚之前可以經常邀請對方到家裡，**讓貓咪提早習慣給對方餵零食**等等，一步一步慢慢地讓貓咪習慣與接受對方，對貓咪也好。

外面世界的刺激

應該有不少的飼主覺得反正貓咪喜歡看外面的世界，所以就把窗邊的位置空下來給貓咪，或把貓跳台放在容易看到窗外景色的位置等等。不過，有些貓咪反而會因為**外界對於視覺、聽覺、嗅覺造成的刺激，而產生心理壓力**。例如：有些貓咪會覺得窗外的流浪貓入侵了自己的地盤，想去攻擊對方；也有一些貓咪想要抓窗外的小鳥，卻因為辦不到這件事而內心糾結。

車輛或工程的噪音、發情中的母貓的氣味等等，也可能會讓貓咪產生壓力。這種時候就只好把窗簾拉上，盡可能阻斷來自外面的刺激吧。

與飼主的訣別、離別

貓咪會注意到飼主的消失和離開，並且露出不安的樣子。不過，與其說貓咪是因為悲傷而不安，其實反而更有可能是因為牠們**規律固定的生活發生改變**。一般認為即使飼主消失、不在世上了，假如貓咪生活的環境沒有其他變化，例如：沒有被送到其他地方飼養等等，飼主不見所造成的壓力就不會像搬家的壓力那麼大。

與同住貓咪的訣別、離別

跟上面的情況一樣，貓咪會發現自己的同伴消失不見了，**但假如牠們生活的環境沒有其他改變的話，就不會產生太大的壓力**。不過，有時貓咪可能會因為少了同伴而變得更愛跟飼主撒嬌。

壓力

由壓力引起的憂鬱症狀

一直承受著龐大的壓力，身體就會出現有氣無力、失眠、身體疲倦等憂鬱症狀。這一點不論是貓咪還是人類都一樣，壓力會讓神經傳導物質「多巴胺」的分泌減少，而多巴胺與我們的正面情緒以及積極態度有所關連，所以身體就會變得不想活動。

當多巴胺的分泌減少，導致活動意願降低時，貓咪就會躲在角落、一直靜靜地趴著、沒有反應、不想吃東西等等。

貓咪會因為覺得壓力大，而一直舔身體某處的毛，但這個階段還不算是憂鬱症狀。一旦貓咪做任何事情都消除不了壓力，最後乾脆放棄掙扎，變得有氣無力，那才算是憂鬱症狀。

找出並消除造成貓咪心理壓力的因素，是一定要做的事情，但是如果貓咪已經出現憂鬱症狀時，最好還是盡早把貓咪帶去看醫生。好好地與醫生討論是否使用抗焦慮藥物、如何鎖定與排除造成貓咪壓力的因素，以及如何照顧憂鬱症狀的貓咪等問題。

腦部

睡得好、玩得好，才會成為一隻「頭好壯壯貓」

設定好室內明暗的週期規律，為貓咪重建生理時鐘。

即使是貓咪，也能實踐人類的「聰明小孩教養法」。想要讓貓咪頭好壯壯——也就是讓貓咪的腦袋瓜保持在最佳的狀態，以下這7個方式都是公認的有效妙招。

①讓貓咪睡得好

一般認為成貓一天必須擁有14個小時以上的睡眠時間，乳貓則必須達到18～20個小時以上。**充足的睡眠可以提供養分給大腦**，保持身體健康。貓咪跟人類一樣，**也要建立生理時鐘**，太陽下山就把房間弄暗，太陽升起就把房間弄亮，藉此重整貓咪的生理時鐘。另外準備一間房間，這樣當家裡有訪客的時候，就能讓貓咪在那個房間裡好好睡個覺，貓咪一定會很喜歡。

②讓貓咪挑戰新事物

貓咪都喜歡一成不變的生活，但偶爾讓他們挑戰新事物，**有助於增加使腦神經細胞成長的因子**。而這項成長因子有助於提升貓咪的記憶力。

③遏阻壓力因素於未然

當壓力的情況拖久了，腦部的「海馬迴」的神經細胞再生功能就會下降，**造成記憶力變差**。而當壓力消除之後，海馬迴的細胞再生功能就會復活。

④開心地互動

被稱為「幸福荷爾蒙」的催

透過新體驗、遊戲或玩具帶給腦部刺激。

產素具有抑制壓力荷爾蒙的效果，也有效維持心臟、血管的健康。當貓咪享受與飼主之間的互動，使大腦分泌出催產素，就可以減少心理壓力，也會對海馬迴帶來好的影響。

⑤重整腸道環境

腸道是身體非常重要的部位，甚至被稱為是「第二個大腦」。擁有健康的腸道環境，就等於擁有優秀的記憶力，也可以更有力地保護腦部免於疾病。飼主可以借助含有乳酸菌、比菲德氏菌等好菌的貓糧，為貓咪重建腸道內的菌叢。

⑥注意肥胖問題

一旦有肥胖問題，體內就會處於發炎狀態，並且製造出所謂的細胞激素。現已證實細胞激素對於腦神經細胞有不良影響。為了不讓貓咪有肥胖問題，要多多注意貓咪的飲食及運動狀況。

⑦使用益智玩具

人類透過玩遊戲、拼圖，可以有效提升短期與長期的記憶力或專注力。給貓咪玩益智玩具也能達到同樣的效果（參考P144）。

腦部

要活化高齡貓咪的腦袋，就要避免造成壓力，並給予優質的食物

就算是高齡的老貓咪，還是有機會活化腦部的細胞。而飼主優先要做的事情，就是維持目前的腦部狀態，延緩認知功能障礙的惡化速度。

想要達到上述的這兩件事，首先就是要**遏止壓力的形成**。就像我們在P112說過的一樣，壓力是導致記憶力變差的因素之一。我們人類會透過深呼吸來減少壓力荷爾蒙，所以別忘了保持室內空氣的流通，讓貓咪也能呼吸到新鮮的空氣。其次是給予優質的食物，**讓貓咪能夠攝取到品質穩定的優質營養素。攝取充足的水分也非常重要**，老貓咪的水分攝取量通常都會變少，不利於維持腦部的狀態。另外，還要給予貓咪足夠的維生素C。「活性氧」會促進腦部細胞的老化，而維生素C則能夠抑制活性氧的作用。許多食物都含有維生素C，也可以給貓咪補充維生素C的營養保健品。

要做到以上這幾個重點，前提當然就是要有足夠的睡眠以及適度的運動。

記憶

採取能讓貓咪產生「愉快情緒」的飼養方式

想讓貓咪留下關於某事物或某經驗的記憶，就必須給牠們一點震撼。不論是可怕、討厭、不安等等的負面情緒（不愉快），還是好吃的、開心的、舒服等等的正面情緒（愉快），當貓咪的心中明顯地出現任何一種情緒時，這種情緒就容易跟經驗結合在一起，留在記憶裡。相反地，沒有讓貓咪出現情緒起伏的事物或經驗，通常一下子就會被忘得一乾二淨。而**讓貓咪感到極度討厭、恐懼的記憶，則會造成心理創傷**。

當貓咪記得某個以前來過家裡的人時，對於貓咪而言只有兩種情況，一種是非常討厭那個人，一種則是非常喜歡那個人。只要貓咪曾經從對方手上得到好吃的零食，擁有類似的愉快經驗，就會更容易與正面的情緒結合，成為貓咪的記憶。

我們也希望飼主在飼養貓咪的時候，都能多多採用能讓貓咪感到心情愉快的飼養方式。

記憶

讓貓咪做一做有效提升記憶力的有氧運動

目前已經證實，人類做有氧運動可以有效提升短期與長期記憶力。在某項實驗當中，每週都固定做伸展運動的組別，他們的短期記憶變得更好；而每週固定騎自行車約一～兩個小時的組別，他們的長期記憶在六個月之後變得更好。

對於貓咪而言，**有氧運動**就相當於在家裡跑來跑去、在貓跳台跳上跳下的運動。飼主偶爾也可以引導貓咪做這些活潑的遊戲，說不定貓咪會玩得很開心。

記憶

聽到名字後若伴隨好事發生，貓咪就會更容易記住自己的名字

貓咪們都記得自己的名字。牠們對於所謂的「名字」或許沒什麼概念，但每次聽到那幾個字以後就會有人餵牠們吃東西、給牠們摸摸頭，一再地重複之後，牠們就會記得那幾個字代表有好事發生。然後，當牠們聽到有人喊著「〇〇～」的時候，牠們可能就會回頭、跑到對方身邊等等，對這幾個字有所反應。

貓咪可以很敏銳地察覺到飼主的心情，所以牠們也會注意到飼主在呼喊牠們名字時的心情。例如：飼主用自己喜歡的人的名字幫貓咪取名，開心地對貓咪喊著「〇〇～」的話，貓咪聽到之後也會覺得很開心。

而且，有人說貓咪比較容易記得開頭是塞音「ㄎ、ㄍ、ㄊ、ㄉ、ㄆ、ㄅ」以及擦音「ㄏ」發音的字。所以在取名字時，考慮一下這些發音開頭的字應該會很不錯喔。

剛把貓咪接回家的時候，全家人統一用同樣的名字叫法、稱讚的用語，貓咪應該也會比較容易記得。不過，就算每個人都用不一樣的方式叫貓咪，貓咪還是會漸漸地記得「這個人好像都是這樣叫我的」。

對貓咪喊愈多次牠們的名字，牠們就會愈容易記住。

以美好的記憶覆蓋不好的記憶，避免造成心理創傷

基本上，貓咪都會記得討厭的、可怕的、會痛的事情。這是因為野生時代的貓咪會根據這個記憶來迴避危險或威脅，讓自己不要再陷入同樣的狀況之中，以利生存。

而人類飼養的貓咪還保有這項能力，因此通常討厭的事、可怕的事會比起好的事情更容易留在牠們的記憶之中。那麼，當不好的經驗造成貓咪心理創傷時，我們該怎麼做才好呢？

要消除貓咪的心理創傷，**用美好的記憶覆蓋過同樣的經驗是最好的辦法**。而要覆蓋過不好的記憶，最有效的做法就是「反制約作用」。這個做法就是讓貓咪同時體驗討厭的事情跟喜歡的事情，然後慢慢地讓牠們對這個體驗產生「愉快」的印象。例如：假設貓咪因為工程等緣故而變得很害怕聲音。首先，我們要先製造出一點聲音，而且是貓咪不會害怕的音量，並同時餵牠們吃零食。等貓咪吃掉零食之後，再發出音量更大一點的聲音，然後同樣給牠們吃零食。重複這麼做之後，就可以覆蓋貓咪原先的記憶，讓牠們覺得「大聲＝點心出現的預告」。

反制約作用的重點，在於發**生了可能造成貓咪心理創傷的事情之後，就要立刻使用**。只要趁著事情發生後的一週之內進行二～三次的反制約作用，就可以順利地覆蓋貓咪的記憶。

記憶

把食物放在手上餵貓咪，提升在貓咪心中的好感度

有時可能是飼主自己弄錯了與貓咪的距離感或相處方式，結果反而對貓咪造成心理創傷。當貓咪突然不再靠近飼主的身邊時，說不定就是貓咪對飼主帶著警戒心，或突然覺得飼主變得很討厭。不小心把貓咪逗得太過火？還是不小心踩到了貓咪的尾巴？請回想一下是不是有這麼一回事吧。

如果是這樣的話，那就要努力改善跟貓咪之間的關係，提升自己在貓咪心中的好感度。而最好的方式，就是頻繁地餵貓咪吃牠們喜歡的食物。用食物讓貓咪上鉤，是最有效的辦法。還要記住一點，那就是要**把食物放在自己的手上讓貓咪吃**。如果放在飼料碗的話，貓咪可能反而對那個飼料碗產生好的印象。

不小心對貓咪做了讓牠們不愉快的事情時，不要只是說一句「對不起，下次不會了」就敷衍過去，要積極地改善跟貓咪的關係！

用食物收買貓咪的心是最快的方式。

記憶

不想讓貓咪做的事情，就要立刻制止

跳上餐桌、把家具抓花……當貓咪做了這些飼主不希望牠們做的事情時，該怎麼辦才好呢？首先，當下一定要立刻制止，告訴牠們：「不可以！」若等到貓咪都做完了才來訓斥，牠們也不知道你在講什麼事。就算只是慢個0.5秒，施加給貓咪的刺激慢了一步，都會影響到記憶的固定效果，所以最重要的就是「立刻執行」。沒有立刻制止貓咪的行為，牠們就會當作飼主允許牠們這麼做，而一再地重複做出同樣的事情。

飼主在喊出「不可以！」時，若能夠同時讓貓咪覺得掃興，也能有效地制止貓咪的行為。例如：對貓咪使用討厭氣味的噴霧、用扇子對牠們扇風等等。這時，若被貓咪發現飼主在做這些事的話，很有可能會被貓咪討厭，所以飼主一定要想點辦法，例如：從貓咪看不到的死角對著他們噴射噴霧等等，讓貓咪以為「我要是這麼做的話，就會有討厭的味道莫名地噴出來」、「我要是這麼做的話，就會有奇怪的風莫名地跑出來」等等。發現貓咪露出掃興的模樣之後，飼主再引誘牠們來玩遊戲等等，讓牠們把注意力轉移到其他的活動上吧。不過，同樣的事情一再出現之後，就算貓咪原本很討厭被風吹，也有可能覺得好像也沒什麼大不了，所以我們建議最好的辦法，就是努力變換各種花招去分散貓咪注意力。

貓咪會有「罪惡感」嗎？

用手去撥花瓶，讓花瓶摔破，或是把衛生紙弄得到處都是……。做完這些事情的貓咪發現飼主正在盯著牠們看的時候，都會露出一臉抱歉的表情，或逃避飼主的目光，故意轉頭去看其他地方。貓咪看起來雖然是一臉「我很對不起」、「我闖禍了」的表情，**但牠們懷抱著罪惡感或感到後悔的可能性，其實非常地**小。

對於自己的行為所造成的後果感到後悔或懷有罪惡感，必須具備相當程度的認知能力。不僅如此，同時還需要「我都知道這是不可以做的事情，但我還是做了」的長期記憶，已經超過了貓咪的認知能力。

不過，貓咪可以清楚地了解飼主的表情，所以牠們是有可能感**受到飼主的怒氣或當下的氣氛，然後產生想要迴避、裝作不知道**的心情。牠們轉頭看像其他地方並不是因為牠們覺得尷尬，而是代表「我沒有意思要跟你作對」。

另外，當飼主大聲地發出「啊～～～」的聲音，或動手壓制住貓咪的時候，牠們可能會把這件事聯想成飼主的惡作劇，然後記憶在牠們的腦袋裡。例如：當牠們又用手去撥花瓶，讓花瓶摔在地上的時候，牠們就會想起「之前我做這件事的時候，主人的反應讓我覺得很討厭」，而牠們為了避免再度受到同樣的對待，可能就會跑去躲起來。所以非常遺憾，當貓咪有這樣的反應時，並不是牠們覺得「沒臉見人」。

貓咪會察覺到飼主的怒氣以及環境的氣氛變差

我知道你正在生氣

貓咪經常出現的問題行為與對策

所謂的「問題行為」，指的是貓咪讓飼主感到困擾的行為。我們在這裡列出了貓咪常見的問題行為，以及這些問題行為的解決對策。不管是哪一項，首先最基本的就是把貓咪的生活環境整頓好，徹底消除貓咪的壓力因素。

不過，也有許多問題行為必須根據具體的情況才能處理，因此與專業人士討論，尋求他們的幫助，才是最快速的解決之道。建議先帶貓咪到通過「貓咪友善」（P68）認證的動物醫院看診。

問題行動 ❶

噴尿占地盤

屁股朝著正後方噴尿，
讓牆壁或家具沾染上自己的味道。

<應對方式>

- □ **貓咪會覺得被牠們噴過尿並留下氣味的地方，就是牠們「可以尿尿的地方」，所以飼主要用清潔劑把這些地方清洗乾淨，才不會留下貓咪的氣味。**
- □ **貓咪習慣把吃飯跟上廁所的地方分開，所以飼主可以把貓咪吃飯的地點改到牠們喜歡噴尿的地方。**
  →這樣一來，貓咪就會因為知道這裡是吃飯的地方，而停止在這裡噴尿的行為。

問題行動❷

在不對的地方大小便

在貓砂盆以外的地方大便或尿尿。

<應對方式>

- ☐ **增加貓砂盆的數量。**
- ☐ **把貓砂盆洗乾淨。一個星期就要整個清洗一遍。**
- ☐ **準備幾個形狀迥異、大小不一的貓砂盆，並且分別在各個貓砂盆內都放入不同形狀的貓砂，讓貓咪選擇牠們覺得好用的貓砂。**
- ☐ **如果貓咪在貓砂盆以外的地方大小便，就把牠們吃飯的地點改到那裡。**
  →貓咪不會在牠們吃飯的地點大小便，所以牠們就會避免把那個地方當成是替代廁所。

問題行動❸

攻擊行為

用嘴巴咬、用爪子抓飼主或同住的貓咪。

<應對方式>

- ☐ **重新建立能讓貓咪感到放鬆的關係（參考P119）。**
- ☐ **觀察貓咪是否得到容易讓牠們變得有攻擊性的甲狀腺機能亢進症（P77）等疾病。**
- ☐ **把貓咪出現攻擊行為時的狀況記錄下來，之後避免出現同樣的狀況。**
  →例如：貓咪在玩耍過程中咬了飼主的手，有可能是因為牠們把飼主的手當成了玩具，所以下次陪貓咪玩的時候，要記得拿出玩具等等。
- ☐ **攻擊行為的原因非常多種又雜亂，所以我們常常搞不清楚為什麼貓咪會這麼做，傷透腦筋。飼主如果覺得貓咪的攻擊行為有危險的話，就要盡早與專業人士討論。**

column

問題行動 4

經常亂叫

貓咪一直不停地發出叫聲。

<應對方式>

- □ **首先要帶貓咪去看醫生，確認是不是因為生病了。**
  →有時是因為疼痛造成牠們的焦慮，也可能是因為內分泌異常所致等等。
- □ **如果是為了引起飼主的注意力，就要弄清楚牠們的要求。**
  →如果馬上回應貓咪的話，容易讓牠們誤以為只要自己發出叫聲，飼主馬上就會答應牠們的要求，所以不可以任牠們予取予求（參考P128）。也要確認一下貓咪是不是有分離焦慮（P139）的問題等等。

問題行動 5

在不對的地方磨爪子

明明有貓抓板，卻還是用家具或牆壁來磨爪子。

<應對方式>

- □ **把貓爪板放在醒目的位置（參考P198）。**
- □ **增加貓抓板的種類或數量，讓貓咪自由選擇。**
- □ **如果只有飼主在家的時候才會這麼做的話，那有可能是貓咪想要引起飼主的注意。**
  →也可以陪貓咪玩一下，轉移牠們的注意力，讓牠們不要到處亂抓。不過，這麼做同樣也有可能讓貓咪誤以為只要自己到處亂抓，飼主馬上就會答應牠們的要求，所以不可以任牠們予取予求。

固著行為

執著地重複同一件事的行為。當飼主出聲呼喚貓咪，貓咪還是不肯停止動作的話，極有可能是貓咪的心生病了，最好盡早與專業人士討論。

<固著行為的常見症狀>

- □ 一直舔著身體的同一個部位。
- □ 吸吮毛織品（吸吮、啃咬布類）。
- □ 一直用同樣的音調發出叫聲。
- □ 一直追著自己的尾巴繞圈圈轉。

等等

3
章

與貓咪溝通順利的祕訣

給貓咪摸毛的方式、跟貓咪講話聊天的方式、
親近貓咪的方式、陪貓咪玩耍的方式……。
本章節整理了許多與貓咪互動的祕訣，
教各位飼主如何成為貓咪心中最棒的飼主。
也要教各位飼主如何使用能夠滿足貓咪的玩具陪牠們玩耍。

解讀貓咪的心情，才能建立起信賴關係

耳朵朝兩邊打開，也就是所謂的「飛機耳」，是貓咪不開心的表現。

貓咪與人類要舒服地住在一起，雙方之間建立起信賴關係就是一件相當重要的事。而我們想要跟貓咪建立信賴關係，那就要配合貓咪，使用適合貓咪的方式與牠們交流。還沒與貓咪建立起信任關係，就貿然地靠近、撫摸牠們的身體，只會讓貓咪覺得非常害怕。若要與貓咪順利交流，首先就要考慮到「貓咪的心情」。

判斷貓咪心情的方式之一，就是看牠們的肢體語言。從貓咪的眼睛、耳朵、姿勢、尾巴的狀態或動作等等，都可以看出牠們的心情（參考P88～91）。飼主要做的，就是掌握這些基本概念。

貓咪的叫聲也會反映出牠們的心情（參考P92），如果能同時了解貓咪叫聲的含義，會更有助於理解貓咪的心情。

溝通的基本

為了貓咪的身心健康，要注意別出現溝通不良的狀況

對於貓咪來說，所謂的安心就是生活在舒適的環境裡，而且還有牠們最喜歡、最信賴的飼主陪伴在身邊。貓咪也跟人類一樣，沒有壓力的安心生活，有助於保持身體與心理的健康。

要成為一位值得貓咪信賴的飼主，那就不能少了每天的照顧、互動、玩耍等等的溝通。若飼主與貓咪之間的溝通不足，貓咪不夠信賴飼主，會對牠們的身心造成不好的影響。

貓咪會變得更常感到不安，內心糾結著到底該怎麼辦才好。而這些壓力都會引起各式各樣的問題行為，也有可能引起自發性膀胱炎、發炎性腸道疾病、皮膚疾病等等的身體症狀（壓力症狀請參考P102）。

就當是為了避免貓咪出現這些問題，不論是陪牠們玩耍，還是跟牠們互動都好，請**飼主每天一定要花時間跟貓咪溝通、交流**。一邊體察貓咪的心情，與牠們一起度過快樂的時光，一起成為能讓貓咪信賴的飼主吧。

要去了解貓咪的要求，同時也要注意不要過度縱容

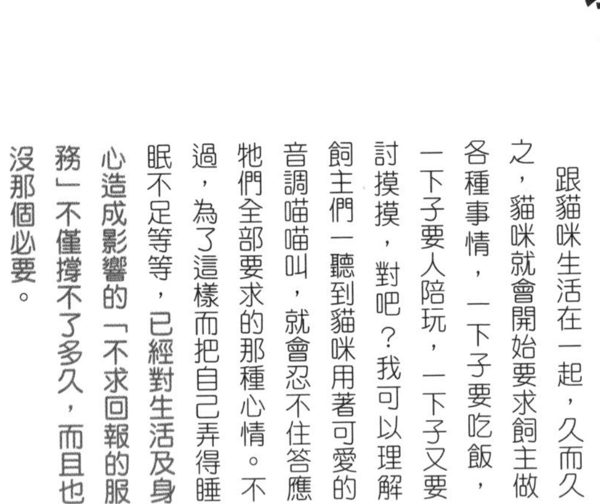

跟貓咪生活在一起，久而久之，貓咪就會開始要求飼主做各種事情，一下子要吃飯，一下子要人陪玩，一下子又要討摸摸，對吧？我可以理解飼主們一聽到貓咪用著可愛的音調喵喵叫，就會忍不住答應牠們全部要求的那種心情。不過，為了這樣而把自己弄得睡眠不足等等，已經對生活及身心造成影響的「不求回報的服務」不僅撐不了多久，而且也沒那個必要。

首先，飼主應該先去推測貓咪要求的內容是什麼。跟貓咪生活在一起的日子久了之後，應該都會慢慢地知道貓咪想要什麼，就可以有效率地回應牠們的要求。知道貓咪想要的是什麼，在我們的能力範圍以內回應這些要求就夠了。

不過，對於貓咪的要求給予回應時，最重要的還是要堅守貓咪的「五個自由」（P85）。例如：如果貓咪是明顯地因為肚子餓而提出要求，那麼就要給予牠們必要的食物。

飼主太過驕縱貓咪的話，貓咪可能會為了引起飼主的注意，而出現需索無度的情況。有時甚至還可能導致貓咪出現問題行為等等，一定要注意！

互動

緩緩眨眼是貓咪表示友好的意思

想要擄獲貓咪的心，最基本的就是「不要做出貓咪討厭的行為」。不過，我們在跟貓咪互動的時候，經常都會在不知不覺之間做出貓咪不喜歡的事情。不管是親近貓咪的方式，還是注視貓咪的方式，我們都必須迎合貓咪才行。

與貓咪建立起信賴關係之前，若是貿然地從正面靠近貓咪，都會讓貓咪變得很警戒。基本上，等待貓咪自己主動來接近我們，應該對彼此都比較好吧。

還有一件事也很重要，那就是不要一直盯著貓咪看。眼睛睜得大大地注視著對方，就跟發現獵物的貓咪是一樣的表情。這樣盯著貓咪看的話，牠們會以為「我被威脅了」、「我可能會被攻擊」。

看著貓咪的時候別一直盯著牠們，記得要緩緩地眨一眨眼睛。貓咪會用眨眼來表示他們友善的態度，眨眼睛代表的意思就是「我對你沒有敵意」。也有研究結果發現，在貓咪面前緩緩眨眼的話，通常貓咪也會眨眼回應對方。

讓我們一起使用貓咪不討厭、不抗拒的交流方式，順利地與貓咪建立起信賴關係吧。

互動

跟貓咪發完牢騷之後，記得對牠說「謝謝你聽我說話」

許多貓咪都比較喜歡女性，是因為比起男性的低沉嗓音，女性的高音更能讓牠們感到安心。在跟貓咪講話的時候，可以試著提高講話的音調。突然大聲講話的話，貓咪就會把我們當成是具有威脅性的對象，所以要用輕鬆的語氣慢慢地、小小聲地跟牠們講話。

貓咪會想要更了解飼主，而變得敏銳、專注，所以飼主可以試著多跟牠們聊聊天。貓咪不見得理解飼主所講的內容，但牠們還是可以了解飼主在講話時的情緒，感覺得到飼主的開心或悲傷等等。跟貓咪抱怨一些負面的事情之後，如果擔心對牠們會不會受到影響，那就在最後加上一句「跟你講完之後好輕鬆，謝謝你啊」。飼主的笑容與感謝的心意都會傳達給貓咪知道。假如最後還是用「跟你抱怨，你也聽不懂吧」來結束聊天的話，這種自我否定的情緒就會傳達給貓咪，牠們也會感到悲傷。

互動

撫摸貓咪最長不要超過十分鐘

貓咪的下顎也有穴道，應該有很多貓咪都喜歡給人摸這個地方。不過畢竟每隻貓咪的接受度不一樣，所以飼主還是慢慢摸索，找出牠們喜歡給人摸的部位。

溫柔地撫摸貓咪的身體，是我們與貓咪的交流方式之一。貓咪平常就習慣給人碰的話，不只可以讓飼主順利地幫牠們清潔與保養身體，飼主也比較容易發現牠們的身體有沒有不舒服的地方。

接下來，我們就來認識一下給貓咪摸摸的重點。

●當貓咪把頭靠在我們身上時，就代表牠們想要給人摸摸。飼主不要自己興沖沖地跑去摸貓咪，要等待貓咪自己主動跑來給人摸。

●如果與貓咪是第一次見面的話，不要直接摸脖子以下的部位。貓咪之間也會互相幫對方舔毛，但牠們基本上只會舔到對方的臉部而已。貓咪本來就不太能接受被碰到脖子以下的部位。但如果是牠們信賴的飼主，貓咪就會同意讓對方摸牠們的肚肚或脖子以下的部位。

●摸貓咪的人也要保持輕鬆的心情。摸貓咪的時候如果帶著緊張的心情，或透露出交差了事的態度，貓咪都會知道的。

●最久不要超過十分鐘。有時明明是貓咪自己跑來討摸，卻被貓咪反咬一口，這樣的情況就稱為「撫摸性攻擊行為」。給貓咪摸摸的時候，記住還要同時注意貓咪的樣子，在貓咪開始覺得厭煩之前趕緊結束。

抱著貓咪時若發現牠們的尾巴開始往下垂，就要鬆手讓牠們下來

對於貓咪而言，被人抱住就是行動自由受到限制，所以許多貓咪都不喜歡給人抱。不過，飼主在某些情況下還是必須把貓咪抱在懷裡，例如：在動物醫院看診、發生緊急狀況時抱著貓咪逃難等等，所以我們還是希望貓咪都可以習慣給人抱。

如果貓咪還是幼貓的話，只要從小就讓牠們重複體驗給人抱的感覺，牠們就會漸漸習慣，但是成貓恐怕早已不能這種接受被人抱住的感覺。像是這種情況的話，我們就要一步一步地慢慢來，先試著把手放在貓咪身上，然後一邊用零食當成獎賞，讓貓咪慢慢地習慣給人抱。

有些貓咪雖然喜歡給人抱，但有時才抱沒兩下，尾巴就開始搖來搖去，表現出不開心的樣子。抱著貓咪的時候記得要一邊觀察耳朵或尾巴的樣子，要是發現貓咪開始出現不開心的表現時，就要馬上放開牠們（參考P88～91「肢體語言」）。

column

用誘導的方式讓我們肩上的貓咪下來

有時我們會看見貓咪爬到飼主的肩上，這是因為貓咪習慣爬到高處俯瞰四周。不過，硬是強迫牠們下來的話，恐怕會被牠們討厭，所以飼主可以請其他人把貓咪叫下來，或自己用零食、玩具等等引誘，讓貓咪主動跳下來。

互動

把貓咪接回家之後，就要立刻配合

貓咪的步調

把貓咪接回家之後，通常我們都會想要立刻對貓咪噓寒問暖，但如果想讓貓咪安心地在這個家裡生活，最重要的就是初次接觸。希望各位在將貓咪接回家裡時，都要遵照以下的基本事項。

①把貓咪接回家之前，先把需要的各種用品放在同一間房間裡。可以的話，盡量選擇不會有人進進出出的房間。如果沒有多餘的空房間，也要選一個遠離我們日常生活動線的安靜地點。

②把裝著貓咪的外出籠提到第①點的房間裡，打開外出籠的門讓貓咪可以進出，然後人類都離開這個房間，暫時移動到其他地方。

③靜待片刻，當貓咪看起來比較放鬆的時候，再靜悄悄地進入房間，靜靜地坐在一旁。靜靜等待貓咪自己走出外出籠，靠近我們身邊（此時的應對方式請參考P134）。

④當貓咪習慣這個環境之後，就會想要去其他地方看看，所以我們可以根據貓咪適應環境的速度，慢慢地讓牠們開始接觸可以進出的房間、日後會碰到面的家人或其他隻貓咪。

有些貓咪會覺得新環境很可怕，嚇得不敢亂動。這時在牠們身旁放一些之前習慣吃的貓糧，牠們可能就會因為熟悉的味道而安心一點。

當貓咪主動靠近時，先讓牠們聞一聞我們的氣味

當貓咪比較放鬆，主動走出外出籠並靠近我們（參考P133）時，我們應該採取哪些行動才好呢？雖說是貓咪自己主動走過來我們這邊，但要是仗著這點就貿然地把手伸過去碰牠們的身體，那就犯了與貓咪初次接觸的大忌。

當貓咪走進我們身邊的時候，首先應該讓牠們聞一聞我們身上的氣味。貓咪會先聞一聞對方身上的味道，透過對方的氣味來確認自己是否安全。當貓咪聞過味道，覺得「這個人應該沒問題」的話，牠們就會用臉或身體來磨蹭對方。當貓咪開始出現這樣的動作時，我們就可以一邊觀察貓咪的樣子，試著給牠們摸摸身體、摸摸頭。我可以理解各位飼主想要早一點跟貓咪拉近距離的心情，但是絕不能因此心急。第一印象正是關鍵。

具體請按照左頁列出的四個重點，用能讓貓咪感到安心的方式與牠們互動。

給貓咪聞味道時，記得手要握拳（請參考左頁）。

初次見面時要注意的重點

要讓警戒中的貓咪放下心來，切記一定要謹慎再謹慎，絕不可操之過急。要給貓咪一個好的第一印象，開啟和樂融融的關係！

❶ 給貓咪聞一聞我們身上的味道時，伸出的那隻手要握拳

要是直接手掌伸到貓咪面前，有些貓咪會以為那是什麼龐然大物而嚇得不行。所以給牠們聞味道的時候，記得要先握好拳頭，才能把手伸到貓咪面前。有些飼主看到貓咪用臉磨蹭自己的拳頭，就以為應該已經可以摸一摸牠們，突然把握拳的手打開來，結果把貓咪嚇得落荒而逃。要一邊觀察貓咪的樣子，再慢慢地打開握拳的手。

❷ 不要一直盯著貓咪看

對於貓咪而言，凝視對方是表示威嚇或攻擊的意思（參考P129）。如果發現自己好像與貓咪四目相接的話，那就移開視線、把臉轉到旁邊，或是緩緩地眨一眨眼睛，向貓咪傳達我們對牠並沒有敵意。

❸ 確認貓咪的肢體語言

如果與貓咪是第一次接觸的話，記得只能碰觸脖子以上的部位（參考P131）。而且摸的時候也要一邊觀察貓咪全身上下的肢體語言（P88～91），例如：尾巴的動作等等，發現貓咪出現不開心的反應時，就要快點住手。

❹ 當貓咪轉身離去時，就不要再追著牠們

當貓咪轉身離開，就代表牠們想跟飼主保持距離，這時就別再追著牠們。不過當貓咪想找人玩的時候，牠們會先跑一小段距離，再轉頭對著人喵喵叫，所以如果是這種情形的話，那就去追追牠們吧。

column

第一次接觸失敗的話，那就暫緩片刻，重新再來一次

萬一跟貓咪的第一次接觸以失敗收場，例如：突然伸出手摸貓咪，結果把牠們嚇壞等等，那麼飼主就要暫時跟貓咪分開一下。飼主可以從遠處把飼料或零食丟給貓咪，假如貓咪把這些食物吃掉，而且看起來比較放鬆的話，那麼飼主就可以重新開始，也就是先等貓咪自己主動走近身邊，然後讓牠們聞一聞身上的味道，再慢慢地與貓咪拉近距離。要是貓咪的激動情緒還沒平緩下來的話，那就先把飼料跟水放著，然後飼主離開房間。大概過了半天，等到貓咪平靜下來之後，再從頭開始吧。

要多留意與關心不與人來往的貓咪

有一些貓咪會跟飼主保持距離，但並不代表牠們喜歡這種疏遠的關係。請飼主不要直接把牠們歸類成「大概是隻喜歡獨來獨往的貓咪」或「是一隻獨立自主的貓咪」。說不定是因為哪邊出現了什麼問題，試著去改善貓咪與其他貓咪或人類的相處方式，也是一件非常重要的事。有些貓咪不喜歡跟人互動，潛在的原因是無法信賴飼主等等，以致於牠們懷抱著深深的不安。

當家裡飼養多隻貓咪時，假如有貓咪一直跟其他隻貓咪保持距離，飼主就要給牠多一點關懷。

貓咪有個習性，那就是禮讓其他貓咪。舉例來說，就算貓咪心裡頭很想要跟飼主互動、玩耍，但因為還有其他貓咪的存在，牠們可能就會把互動、玩耍的機會先讓給其他隻貓咪。不過，這些貓咪的心裡其實可能真的很想趕快玩耍，卻還是習慣這麼做，結果把自己搞得很矛盾，最後就變成了心理壓力。另外，當食盆、水盆、貓砂盆的數量不夠的時候，牠們可能也會讓給其他貓咪使用，反而害得自己的需求不滿足。有些貓咪可能就是討厭這種多貓家庭特有的情況，所以才會選擇獨來獨往。

而飼主要做的事情，就是打造出一個具備充足食物與水源的環境，然後**安排好與每一隻貓咪的互動時間，按照順序一次與一隻貓咪互動。**

貓咪不一定是「喜歡獨來獨往」。

當貓咪對著我們喵喵叫時，我們就要做出回應

幼貓會對著母貓喵喵叫，但成貓之間並不會這樣互相喵喵叫。成貓只有在對著人類的時候，才會喵喵叫。一般認為這是因為貓咪將飼主視為自己的媽媽。

貓咪對著飼主叫的原因有許多種（請參考P92），可能是在跟飼主打招呼「歡迎回家」，也可能是「肚子餓」、「想摸摸」等要求。個性活潑、好奇心旺盛、性格外向的貓咪，通常也較容易出現這樣喵喵叫的情況。

當貓咪對我們喵喵叫時，給予回應也是一種溝通與互動。就算只是簡單的「好啦～好啦～」、「什麼事呢？」等等，只要飼主有所回應，貓咪還是會覺得很開心的。

不過，貓咪年紀大了之後愈來愈常喵喵叫的話，也有可能是由於失智症（P75）等其他原因造成的，所以還是請飼主先帶貓咪去動物醫院檢查一下吧。

要減少吃醋反應，就要把吃醋對象連結到愉快情緒

貓咪也會吃醋。經常聽到有人說，貓咪看到飼主跟其他貓咪玩就會吃醋，而其實貓咪也會跟人類或物品爭風吃醋。

當飼主在照顧小嬰兒、把另一半帶回家裡、沉迷於玩手機等等，貓咪為了引起飼主的注意，就容易出現有攻擊性的行為。

接著就來看看有那些方式可以減輕貓咪的嫉妒心。

●增加單獨陪伴貓咪的時間。只不過，要是馬上回應貓咪的要求，也有可能讓貓咪以為這些攻擊性的行為可以有效引起飼主的注意。因此飼主可以先讓貓咪做一件其他事情，例如：跟貓咪說「你過來我這邊」等等，讓貓咪的攻擊行為跟飼主的回應之間有個緩衝。

●當貓咪覺得自己的地盤被搶、規律的生活節奏被打亂，牠們的嫉妒行為也可能變得更嚴重，所以我們要給貓咪一個可以放心生活的個人空間。假如必須要改變室內的擺設才能打造出貓咪的個人空間，那麼也不要一次完全更動，每天都改變一小部分就好，這樣才不會讓貓咪覺得不安。

●當飼主要去接近貓咪吃醋的人類或物品時，記得同時也要給貓咪吃一點零食或摸一摸牠們。這麼一來，貓咪的心中就會把吃醋的對象跟「愉快的心情」（P115）連結在一起，進而接受對方。

舉例來說，飼主在抱小嬰兒的時候，同時也給貓咪摸摸身體，這樣反覆進行幾次之後，貓咪就會覺得「主人在抱小嬰兒的時候，就會有好事發生」，對於小嬰兒的印象也會漸漸變好。

互動

解決分離焦慮的對策，就是要好好吃早餐

因為獨自看家等緣故而無法見到飼主，只要看不到對方就會感到不安，對於身心造成不良影響，這樣的情況就稱為「分離焦慮」。當貓咪分離焦慮的情況變得更嚴重時，狀態就會跟壓力大的時候一模一樣。牠們可能會出現拉肚子、嘔吐、食欲不振等症狀，也會出現過度舔毛、破壞物品等等的行為。

若要減輕貓咪的分離焦慮，就要準備一些讓牠們獨自在家時可以開心玩耍的玩具、睡得安心的睡床，還有應付肚子飢餓的自動餵食器、數量充足的貓砂盆等等。讓貓咪好好地吃完一頓早餐可以增加牠們的滿足度，抑制牠們不安的情緒，是減輕分離焦慮的辦法之一。

當貓咪分離焦慮的情況變得更嚴重時，使用抗焦慮藥物等等的藥物治療方式也會有所成效，關於這部分就再請飼主與獸醫師討論。

與貓咪玩耍適合在早上或傍晚

安排一段與貓咪一起玩耍的時間，對於與貓咪的溝通、互動也是非常重要的一件事。

貓咪是一種喜歡例行公事的動物，牠們喜歡在每天固定的時間點做固定的事情，就連玩耍也不例外，所以飼主們可以每天都在差不多的時間點陪貓咪玩耍。而貓咪通常都是在一大早或傍晚的時段比較活潑，所以把玩耍的時間安排在這兩個時段會是最理想的。

不過，畢竟每位飼主的生活習慣都不一樣，所以早上起床後先跟貓咪玩個五分鐘，吃完早餐或晚餐之後再陪貓咪玩五分鐘左右也沒問題。請飼主在貓咪精神比較好的時段，而且自己也有空閒的時候，安排一段與貓咪進行溝通與互動的玩耍時光吧。就算飼主的時間還很多，還是要一邊觀察貓咪玩耍的樣子，在貓咪開始覺得厭煩或疲倦之前結束玩耍時間。讓貓咪帶著「還想再玩一下」的心情結束玩耍時間吧。

想知道貓咪是不是開始覺得無聊，可以看牠們是不是開始不想動、對玩具失去興趣然後開始東張西望、遠離原本正在陪牠玩耍的飼主等等。這些都是代表貓咪覺得已經玩過癮的意思。另外，結束玩耍時間之前，還有一件很重要的事情要做，那就是讓貓咪滿足牠們的狩獵本能。

覺得玩過癮的貓咪都已經拉開距離了，但飼主還是一直逼近牠們，要跟牠們玩耍的

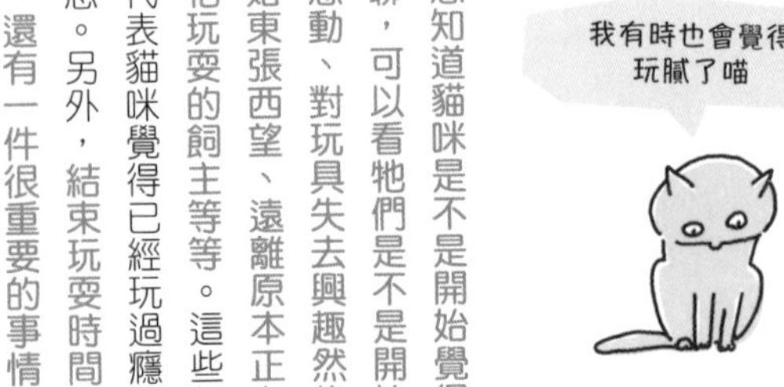

先讓貓咪有成就感再結束遊戲時間

貓咪在玩耍的時候，正處於腦內分泌出激素「多巴胺」的狀態。多巴胺這種物質可以讓貓咪產生追求某件事物的意願，或讓貓咪的心情變得欣喜雀躍，如果是在野外生活的貓咪，牠們的大腦就是在狩獵的過程當中分泌出多巴胺。倘若貓咪在持續分泌多巴胺的狀態下就結束遊戲時間的話，牠們可能會因為還想再多玩一下，而衍伸出惡作劇等等的問題行為。在遊戲時間的最後，記得用玩具代替獵物讓貓咪去狩獵。「抓到了！」、「成功了！」的成就感能讓貓咪的大腦分泌出可以產生幸福感的激素「腦內啡」，貓咪就可以滿足地結束遊戲時間。

話，很有可能把貓咪弄得不耐煩，所以絕對別這麼做。相反地，假如貓咪看起來還想再繼續玩耍的話，那就給牠們一些可以安全地自行玩耍的踢踢抱枕等玩具吧。

給貓咪可以發揮狩獵本能的玩具

貓咪的玩具也分為很多種類型，而貓咪最喜歡的，就是可以讓牠們發揮狩獵本能的玩具。像是左頁介紹的這些玩具，就很適合讓貓咪在玩耍時發揮這項本能。

除此之外，鑽進像隧道之類的狹窄地方，也是喜歡到處躲藏的貓咪愛玩的遊戲。把球滾到隧道裡面的話，貓咪就會跑去追球，享受狩獵的感覺。

有些貓咪一聽到有東西發出沙沙聲，也會被激起狩獵本能，因為沙沙聲聽起來就像是獵物現身時發出的細微聲響。不過，像沙沙聲這種的高音也可能會讓某些貓咪的癲癇發作，所以第一次使用時一定要多加注意。

貓咪喜歡的玩具與玩法

使用可以模擬獵物動作的玩具，
讓貓咪滿足牠們的狩獵本能。

❶ 球

野生的貓咪會捕抓老鼠、昆蟲等等在地面爬行的動物。這款玩具可以讓貓咪放在地上滾來滾去，就像在捕抓那些小動物的動作一樣。飼主可以滾給貓咪玩，也可以讓貓咪自己追著玩。

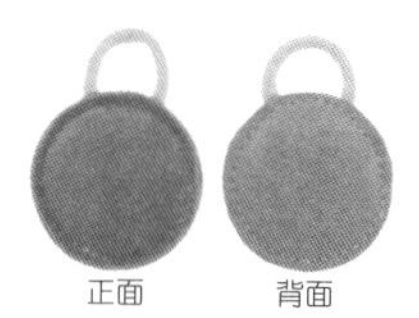

皮革貓草球

❷ 逗貓棒

貓咪最喜歡咬的玩具NO. 1就是逗貓棒。飼主可以上下揮動逗貓棒，就像小鳥拍動翅膀一樣。貓咪會跟抓小鳥的時候一樣把身體伸得長長的，非常激動與興奮。

鈴鈴牛皮
逗貓棒

❸ 踢踢抱枕

貓咪還有個習性，那就是埋伏兔子等動物，然後飛撲到對方身上，再張口咬住牠們的脖子，把這些小動物撂倒在地。踢踢抱枕是這些獵物的替代品，讓貓咪可以做出這些狩獵動作。

踢踢皮革抱枕
最強龍蝦

照片中的商品是本書監修的茂木千惠老師、荒川真希老師與日本寵物用品品牌Petio共同開發的玩具。這些玩具都經過精心設計，使用能夠透過氣味吸引貓咪的皮革製作而成。

善用讓貓咪動腦獲得零食的益智玩具

人類的小朋友有各式各樣的益智玩具，可以刺激大腦與手部的發展。同樣地，貓咪也有專屬的益智玩具，能讓牠們在玩耍的同時動一動頭腦。這些益智玩具的玩法，是由飼主把點心藏在玩具裡，然後讓貓咪用前腳去滾動玩具或打開玩具的蓋子，取出藏在玩具內的點心。貓咪的前腳都很靈活，在玩這些玩具時都可以操作得非常順利。

貓咪獨自在家時，益智玩具也是消磨時間的好幫手。另外，只要貓咪沉醉於牠們的益智玩具，就算飼主沒辦法陪牠們玩耍，也能避免貓咪搞破壞。而且讓貓咪多花一點時間才能吃到零食的話，也有助於貓咪瘦身減重。

多準備幾種貓咪的益智玩具，對飼主與貓咪都方便。

貓咪想要玩耍的表現

當貓咪悠閒地在休息時，如果把牠們叫起來玩耍，對貓咪而言是一種困擾。牠們可能會覺得：「這個人好煩喔，讓我安安靜靜地休息啦！」

要找貓咪玩耍的話，最好的時間點就是在貓咪精神飽滿的早晨與傍晚。

當貓咪想要玩耍的時候，會主動釋出一些訊號。例如：明明肚子還沒餓，卻一直用頭或身體來磨蹭飼主，或是仰躺露出肚子等等。當飼主看見貓咪出現這些舉動時，那就代表牠們想要找人玩耍了。飼主們別錯過貓咪發出的這些邀請，透過玩耍提升自己在貓咪心中的份量與信任吧。

column

如果是多貓家庭，要安排單獨陪玩的時間

如果是多貓家庭的話，通常貓咪不太會跟其他貓咪一起找飼主玩，也不會一起玩同一個玩具。貓咪會有這樣的反應，是因為牠們習慣把機會讓其他貓咪（請參考P136）。所以如果是比較謙恭有禮的貓咪，牠們就會因為把玩耍的機會讓給了其他貓咪，導致自己的內心產生想玩又不能玩的糾結。面對這樣的貓咪時，記得將牠們帶到其他房間，單獨陪牠們玩耍一下。

沒有人陪玩時，就給貓咪可以獨自玩耍的單人遊戲

有些時候貓咪想要找人陪玩，但飼主可能抽不出時間來，也有可能恰好要出門等等，沒辦法馬上陪牠們玩耍。

但哪怕只是短短的五分鐘也好，只要稍微陪貓咪玩一下，對牠們來說就相當足夠了，所以我還是希望飼主可以先拿個玩具陪貓咪玩一下下。萬一真的沒辦法跟牠們玩的話，那就給牠們一些可以安全地自行玩耍的玩具吧。準備一些比較不會有誤食疑慮的玩具給貓咪，讓牠們在獨處時可以自行玩耍，這樣在飼主沒辦法陪牠們的時候，就能派上用場了。

另外，還要準備幾個平常收起來不給玩的珍藏玩具。貓咪可能會對常玩的東西漸漸失去興趣，所以如果多準備幾個以備不時之需的珍藏玩具，在特別或緊急的狀況時，就能發揮出很好的效果。

玩耍

豐富多樣的玩具更能帶給貓咪刺激

一直都玩同一個玩具的話，貓咪也會覺得膩。讓貓咪的玩具多一點變化，貓咪一定會很開心吧。

舉例來說，同樣都是逗貓棒，也分成了釣竿型、彈力型、鋼絲型等各種不同材質與形式。就連逗貓棒前端垂掛的玩具也是五花八門，有些是小小的布娃娃或球，有些則是羽毛或緞帶等等。在家裡多放幾支不同的逗貓棒，換著花樣陪牠們玩，貓咪就會覺得自己好像抓到了不同的獵物，對身心都會有很好的刺激。

另外，不同年紀的貓咪喜歡的玩具也不一樣。例如：有些幼貓一看到有人把球丟出去，就會發瘋似地一直追著球跑，可是隨著年紀慢慢增加，對於球類玩具就漸漸地沒有反應；有些貓咪還有可能之前對某個玩具愛不釋手，現在卻再也不屑一顧。所以請觀察貓咪玩玩具的樣子，按照牠們的年紀給予適合的玩具吧。

保持貓咪喜歡的布娃娃身上的氣味

有些貓咪從小到大一直都喜歡同一隻布娃娃。像這種情況的話，也許貓咪不是單純地將布娃娃當成玩耍的對象，而是把它當成是自己的同伴，對於同伴有依戀的情感。

貓咪有個習性，那就是對於沾上自己氣味的物品會感到特別安心。牠們會跟感情好的貓咪互相在對方身上留下自己的味道，也會對著飼主蹭來蹭去，把自己的味道蹭到飼主身上，而這些行為都是因為習性所致。

一直陪伴貓咪的布娃娃都會沾滿貓咪身上的氣味，所以貓咪會覺得這個布娃娃讓牠們很安心。飼主或許會在意衛生清潔，打算把布娃娃丟進水裡清洗，或噴灑一些抗菌除臭噴霧，但貓咪好不容易才讓布娃娃沾滿自己的味道，要是這麼做的話，就會讓牠們失去了可以感到安心的對象。所以可以的話，還請飼主對布玩偶身上的髒汙睜一隻眼閉一隻眼。

玩耍

貓咪愛看電視，是在幫助自己滿足需求

有些飼主都會說自己養的貓咪常常在看電視。實際上，真的有一些貓咪會對電視畫面中動來動去的動物、足球、氣象播報員的指揮棒等等出現反應，而且看起來好像跟電視裡的人或動物玩得很開心。

如果貓咪只是覺得很有趣才一直看電視的話，那倒是沒什麼問題，但貓咪如果一直用前腳去敲打電視畫面，想要抓住電視畫面裡動來動去的東西，那牠們也許正處於興奮狀態。不過，就算貓咪再怎麼拼命地去敲打電視，當然還是不可能真的抓到電視裡面的東西，而牠們就有可能因為抓不到獵物，而感到沮喪或挫折。所以當飼主發現貓咪有這樣的情況時，就可以使用逗貓棒等工具讓貓咪獲得「我成功抓到獵物」的成就感，幫助牠們滿足內心的需求吧（請參考P141）。

column

養貓對於飼主也有好處

貓咪在給人摸的時候覺得很舒服的話，喉部就會發出「咕嚕咕嚕」的聲音。這個咕嚕咕嚕聲會讓聽者的副交感神經變得相對活躍，具有消除壓力與提升免疫力的效果。除此之外，還會刺激大腦分泌出被稱為「幸福荷爾蒙」的催產素。

不曉得是不是因為這些效果帶來的影響，有研究發現有養貓的人跟沒有養貓的人相比起來，發生缺血性腦中風或心臟病發作的機率都比較低。

也有研究指出人類飼養貓咪可以延緩失智症惡化的速度。也許就是覺得貓咪很可愛的心情、照料貓咪的積極態度與責任感、貓咪對於生活與心情造成的刺激與起伏，都給養貓人的身心帶來了正面的效果。

除此之外，也有人認為有小孩子的家庭如果持續飼養貓咪等寵物，就會降低小孩子對動物過敏的可能性。

原來跟貓咪一起生活，也能為飼主帶來這麼多好處呢。

與貓咪一起的生活，對飼主的身心帶來好的影響。

4章

貓咪生活舒適的祕訣

室內擺設、生活節奏、養貓用品、外出與顧家……。
這個章節蒐集了各種能讓貓咪的每一天過得更加豐富精采的情報。
也收錄了貓咪偷跑、災害來臨等緊急狀況時的應對方式。

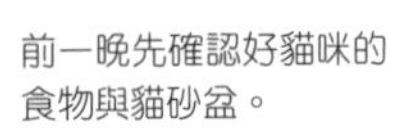

前一晚先確認好貓咪的食物與貓砂盆。

生活節奏

不必過度遷就「貓時間」

假日好想睡晚一點，可是又擔心貓咪起床肚子餓……。這應該是很多飼主的心聲吧。

雖說貼近貓咪作息很重要，但飼主因為沒睡飽而心情不好的話，也會對貓咪造成不良影響。貓咪在一定程度上還是可以配合飼主的生活作息（請參考左頁），所以就算耽擱了一點點時間，飼主也不需要那麼擔心。

話雖如此，如果飼主想在假日的早晨愜意地繼續睡覺的話，那麼就要在前一天晚上先做好準備，例如：設定好自動餵食器在隔天早上自動投放飼料、睡覺之前先把貓砂盆清理乾淨等等。假如這樣做了之後，貓咪還是一早就吵著要飼主起床的話，也有可能是自動餵食器設定的時間不符合貓咪的需求等等，可以再重新設定看看。

前一天晚上先陪貓咪玩個過癮，說不定就可以讓貓咪累得沒辦法一大早起床。

不要常常打亂貓咪的生活節奏

貓咪是一種長久以來都生活在人類身邊的動物。貓咪本來的習性是屬於清晨與傍晚比較有精神與活力的「晨昏性」，不過在一定程度上還是可以配合人類的生活作息。

美國進行了一項關於貓咪活動時間的實驗，發現貓咪活動力比較旺盛的時段都集中在早晨與傍晚。這是由於飼主早上起床之後就會幫牠們裝新的食物，然後傍晚的時段差不多是飼主回家與吃晚飯的時間，所以貓咪就會配合飼主的這些動作與生活作息，而保持比較好的精神與活動力。

另外，根據同一項實驗，也發現貓咪在週末早上的活動高峰期會比平常再晚一點點，可以推測這是貓咪在配合飼主的賴床。

從以上的幾點就可以知道貓咪會配合人類的生活作息，但太過誇張的不規律作息，還是會讓喜歡規律生活的貓咪感到壓力。飼主要盡量考慮到貓咪的生理時鐘，這一點才是最重要的。

我也會跟你一起賴床唷

各季節

養貓生活的重點注意事項

雖然貓咪都養在室內，但免不了還是會受到季節的影響。一起來了解一下在春、夏、秋、冬這四個季節裡，分別要注意哪些事項。

春

☐此時為貓咪的換毛期，身上的毛容易脫落。就算是短毛品種的貓咪，還是必須要梳毛。

☐由於是換毛期，貓咪吞進肚子的毛量也會增加。要注意別演變成毛球症（參考P59）。

☐未結紮的母貓會進入發情期。必須注意牠們與公貓之間的接觸。

☐5月過後就是跳蚤、蟎蟲與蜱，以及心絲蟲（寄生蟲）傳染媒介的蚊子活躍的季節。即使養在室內，還是要做好預防。

夏

☐食物與飲用水在這個時期都比較容易腐敗。尤其是水分較多的溼食，要格外注意。裝在袋子裡的貓糧也要放在溼氣比較不重的地方。

☐要多加注意由跳蚤、蜱蟲等寄生蟲引起的人畜共通傳染病。

☐為了避免夏日倦怠造成貓咪食欲不振，要多花一點心思做好室溫管理，以及想辦法促進貓咪的食欲。

☐貓咪待在室內還是有可能中暑。要多加注意室內的溫度與溼度。

column

秋

□夏日倦怠以及季節的交替，都容易讓貓咪的免疫力下降。要多加注意傳染疾病。

□天氣轉涼之後，貓咪的食欲就會變好，所以也容易變胖。要確實做好貓咪的體重管理。

□秋天跟春天一樣是貓咪的換毛期。記得要常常幫貓咪仔細地梳毛，別演變成毛球症。

冬

□冬天是病毒繁殖的季節。要注意別把病毒帶回家裡，也要讓貓咪接種疫苗。

□天氣寒冷，飲水量就容易變少。水量不足容易造成泌尿系統疾病，所以飼主可以在溫暖的房間裡多擺幾個喝水的容器在不同的位置等等，花點心思讓貓咪多喝水。

□使用暖爐桌或電熱地毯也容易出現低溫灼傷的情況。長時間使用這些產品時，記得要多加注意貓咪的皮膚狀況。

□由於聖誕節、過年等假期或活動，親朋好友的來訪造成家裡人來人往的情況增加，導致有些貓咪產生心理壓力。這段時間記得要多多觀察貓咪的狀況。玄關的大門頻繁地開關，也會增加貓咪偷溜出門的風險。

□聖誕節隨處可見的聖誕紅、仙客來都是對貓咪有害的植物。使用這些植物裝飾家裡的話，記得注意擺放的位置。

首先要準備
睡床、貓砂盆、藏身之處

什麼是「貓咪的舒適生活」？其實就是讓貓咪過得舒服又安心的環境。要達到這樣的目標，最重要的就是替貓咪準備安靜且舒適的睡床（睡覺地點）、乾淨的貓砂盆，以及可以讓牠們放心躲藏的藏身之處。

藏身之處跟睡覺地點是不一樣的，指的是當貓咪被訪客或聲音嚇到時可以躲藏的地點。平常準備一些出入口狹窄的貓窩或箱子，想必貓咪會很喜歡。如果有空房間，也可以用來當作貓咪的藏身之處。貓咪可能會習慣躲在床底下或家具的縫隙裡，但是要注意發生緊急狀況時，能不能從這些地方把貓咪抱出來。

另一方面，睡覺地點則是要讓貓咪覺得沒有生命威脅，可以放心的地方，像是家裡的高處或日照良好之處，都是貓咪喜歡的睡覺地點。

貓咪很愛乾淨，一定要給牠們準備乾淨清潔的貓砂盆。貓咪上完廁所之後就立刻清理是最理想的，但萬一真的有困難的話，那就想辦法變出乾淨的貓砂盆，例如：事先多準備幾個貓砂盆等等，這樣就算原來的貓砂盆髒了，貓咪還是可以照常大小便。

確保家裡有足夠的空間讓貓咪可以玩玩具、跑來跑去，也是很重要的一件事。

另外，還要注意家裡的出入口，別讓貓咪溜出去。在門口裝設安全門欄、檢查家裡的窗戶有沒有關好，都是飼主必須要做的事情。

房間擺設

也要確保貓咪可以爬到高處完整俯瞰整個房間

貓咪不只喜歡狹窄的地方，還很喜歡可以看到整個房間的制高點。希望飼主能幫貓咪準備一些可以登高的地方，讓牠們享受到跳上跳下的樂趣，才不會只是在地上玩耍而已。市面上有各式各樣的貓跳台與貓咪空中走道，但每位飼主的房間未必都擺得下貓跳台或空中走道。

像這種情況的話，飼主就可以把高度不一的家具排在一起，製造出高低落差，讓貓咪自由地爬上爬下、跳來跳去。記得要選擇穩固一點的家具，或者把家具固定在牆面或地面，這樣就算貓咪在家具上面跑來跑去，也不用擔心貓咪移動家具或把家具弄倒。

在家裡最高的地方鋪上貓咪喜歡的床墊、毛毯或坐墊等等，讓牠們也可以在上面睡覺，那就更好了。想必這裡一定能讓貓咪放心地呼呼大睡，成為牠們喜歡的睡覺地點。

冷暖空調要開啟除溼功能，並把溫度設定在27～28℃

基本上，大部分的貓咪覺得舒適的溫度都介於23～28度。不過，就像我們覺得舒適的溫度也不一定人人皆同，貓咪們也有自己覺得舒適的溫度。可以多多觀察貓咪在不同溫度下的樣子，看牠們喜歡哪個溫度。

比起溫度，我們更希望飼主注意的是空氣溼度。高溫潮溼的夏季對於貓咪而言，是一個非常難熬的季節。飼主記得開啟冷暖空調的除溼功能，把溼度設定在50～60％，這樣貓咪才不會中暑。

也別忘了幫貓咪準備一個躲藏處，或讓牠們可以自由進出房間，這樣貓咪才可以閃躲空調吹出來的風。或者，打開窗戶讓家裡通風的時候，記得確認貓咪會不會從窗戶溜走。

column

貓咪的汗腺不多，調節體溫是牠們的罩門

我們人類的全身上下幾乎都分布著負責調節體溫的「小汗腺」，當身體的溫度升高時，汗腺就會分泌出汗液來降溫。而貓咪的小汗腺只分布在肉球與鼻頭，所以牠們沒辦法靠著流汗來散熱。炎熱的天氣也可能奪走貓咪的性命，所以一定要做好室溫管理。

房間擺設

確認貓咪會不會討厭日光燈或LED燈

日光燈與LED燈雖然是不一樣的構造，但都是靠著人類肉眼無法看見的高速閃爍在發出光亮。

貓咪的動態視力贏過人類好幾倍，所以有些貓咪會感受到電燈的閃爍，覺得閃爍的電燈令他們感到煩躁。原本在野外流浪的貓咪被人類收養之後，都不喜歡走到客廳，晚上開燈的時候，又會離開房間去別的地方，有可能就是牠們不喜歡這些看起來一直在閃爍的日光燈或LED燈。

相反地，白熾光不像日光燈或LED燈這樣閃爍，是對貓咪比較友善的光源。不過，白熾燈在發光的同時也會發熱，貓咪不小心碰到就會有危險。如果家裡的間接照明是採用白熾光的燈具，記得也要注意別讓這些燈泡或燈管傾倒或掉落。

把壁紙換成貓咪看得舒服的柔和顏色

貓咪的眼睛具備可以辨別色彩的「視錐細胞」，但一般認為貓咪的視錐細胞數量大概只有人類的十分之一，所以可能無法清楚地辨識出色彩。尤其是紅色，基本上貓咪都沒辦法分清楚紅色與其他顏色的差異。不過，貓咪的「視桿細胞」（感受光線的細胞）比人類多，所以就算光線微弱，還是可以捕捉到物體的動作。

在微弱的光線之下仍可正確地辨識出物體的動作，是貓咪眼睛的特性，所以太亮的光線對於貓咪就會是一種壓力，而牠們覺得最舒適的亮度，就是從窗外照進來的自然光。

希望各位飼主可以把壁紙換成比較不會讓貓咪眼睛疲倦的顏色或明度。不會太白的明亮系自然色，或是柔和的黃色、紫色等能讓人放鬆身心的顏色都很適合。對比強烈的圖案則會刺激交感神經，容易讓貓咪變得太過興奮，因此要盡量避免這類壁紙。

房間擺設

空氣清淨機要使用靜音性能佳的機型

貓咪的掉毛以及皮屑也是飼主們的煩惱來源之一，應該有不少養貓的家庭都是使用空氣清淨機來解決吧。維持房間的乾淨整潔以及室內空氣的清淨，對於貓咪也是一件好事。近幾年來，愈來愈多的貓咪都有花粉症，空氣清淨機如果具備除花粉功能，說不定就能派上用場。不過，空氣清淨機的運作聲也會讓耳朵靈敏的貓咪覺得很有壓力，建議選擇靜音性能佳的機型。從一開始養貓的時候就使用空氣清淨機，讓牠們習慣機器的聲音與存在，也能有效減輕空氣清淨機對貓咪造成的壓力。

飼料碗、貓砂盆、睡床之間都要距離兩公尺以上

每個養貓家庭的屋內格局與坪數大小都不一樣，但不管住家是怎樣的格局，請一定要確保貓咪擁有藏身之處，以及可以一覽無遺的高處（P156～157）。請以這兩個重點為前提，調整一下室內的配置吧。

套房

至少要讓排泄地點、吃飯地點以及睡覺地點這三者之間都保持兩公尺以上的距離。

不要把飼料碗與貓砂盆放在電視或門口附近等嘈雜喧鬧的地方，也不要放在人類的生活動線上。

另外，可以跳上跳下的活動空間對於貓咪的運動而言固然很重要，但是也絕對不能缺少讓貓咪短距離衝刺的平面空間。

室內空間的正中央不要擺放家具，把空間騰出來給貓咪使用一定很不錯。

家庭式

基本上跟套房的配置重點差不多，貓咪常待的房間以及其他房間都有貓砂盆跟飼料碗會更好。而且如果是這種形式的住宅，家裡除了飼主之外，通常還會有其他家人。在決定貓

column

別把飼料碗放在牆邊

許多養貓的人或許都會把貓咪的飼料碗靠著牆邊，但這麼做是不好的。這樣貓咪在吃飯的時候，就必須把最沒有防備的背部展示給別人看，牠們其實並不喜歡這樣。貓咪吃飯時，還是盡量讓牠們背對著牆壁，或讓牠們看得到整個房間的樣子吧。

咪的生活用品要放在哪個位置時，也要考量到家人發出的聲響以及生活動線。

兩層樓獨棟透天

基本上跟多房間住宅的配置重點差不多。由於房間數量較多，樓層間又有樓梯，所以記得別把飼料碗跟貓砂盆放在貓咪不容易到達的房間。貓抓板也要放在貓咪容易看到的位置（參考P198）。

配合貓咪的活動動線，多放幾個喝水的容器，這樣比較容易增加貓咪的飲水量。如果貓咪會爬樓梯的話，樓上的房間記得也要放喝水的容器。

就算貓咪變老了，還是要有可以登高的地方

就算老了，還是想去高高的地方！花點心思讓貓咪可以從寵物樓梯或斜坡往高處跳。

貓咪的生活型態也會隨著歲數的增加而有所轉變。幼貓還不太會跳上跳下，所以在地面玩耍的空間就很重要；變成成貓之後，就必須確保家裡的高處有牠們的位置。

貓咪就算上了年紀，運動能力衰退，骨子裡還是保留著往高處爬的本能。就算現在可以爬高的地方比以前矮一點也無妨，記得幫老貓咪加個樓梯或斜坡，讓牠們可以更方便地爬上爬下吧。

老病傷殘貓的照護方式

貓咪也會因為年老體衰、生病受傷而必須接受長期照護。飼主也會為了方便照料這些貓咪的起居，而想把牠們的睡床移動到方便照顧的地方吧。

假如貓咪不排斥挪動位置，不會因為位置改變而產生壓力，那麼這麼做是OK的。但新的位置如果是在人來人往的地方、其他貓咪的旁邊、容易被電視聲或窗外的聲響打擾的地方，貓咪可能就無法安心地睡覺。假如真的只能把貓咪的睡覺的床鋪移動到這些地方，那乾脆不要移動了，由飼主自己移動去察看貓咪的狀況吧。

不論是吃飯還是上廁所，只要貓咪想自己來的話，那就盡量讓牠們自己做，這樣比較能夠維持牠們的運動機能，而且也會提升貓咪的活動意願。我們希望飼主都能多花點心思去改善高齡貓的生活，例如：把貓砂盆加上樓梯，減少貓砂盆與地面的高低落差等等；飲食方面則是調整食物的軟硬度，讓老貓咪有辦法自行進食等等。

就算變成了老貓咪，還是盡量讓牠們自己行動

不要在家裡擺放對貓咪有危險的觀葉植物

在貓咪生活與活動的空間裡，室內擺設特別需要注意的一點就是觀葉植物。每種植物的情況不同，有些植物的花粉或花瓶裡的水光是被貓咪舔到，就會讓貓咪中毒。

想用植物裝飾家裡的話，就要在幾個地方下工夫，包括選擇對貓咪沒有毒性的植物、不讓貓咪接近植物、擺在貓咪活動範圍以外的房間等等。

另外，還必須要注意香薰精油以及天然植物精油。精油當中的植物成分對貓咪有毒的話，就會導致貓咪中毒，並出現相關的症狀。

假如皮膚直接碰到精油的話，恐怕會導致貓咪急性中毒，就算沒有直接接觸，一直待在長時間使用香薰精油的房間裡，也可能因為毒素大量累積在身體內，變成慢性中毒。多少份量的精油會造成貓咪中毒，則要看每一隻貓咪的狀況以及精油中的物質，但不管怎樣都還是很危險，所以還是請各位飼主別在貓咪活動的房間裡使用精油。

對貓咪有害的植物

百合科的植物

對貓咪來說，百合科的植物是一種劇毒，光是舔到花瓶的水，就有可能造成急性腎損傷。不管是百合的花瓣、花粉、葉子，還是根莖部位，對貓咪都具有毒性。

<代表性的植物>
百合、麝香百合、天香百合、渥丹百合、鬱金香等等

天南星科的植物

葉子與根部通常有許多結晶的草酸鈣，貓咪吃到的話就會造成口腔發炎、嘔吐等等。

<代表性的植物>
芋葉植物、火鶴花、海芋花、黃金葛、龜背芋等等

多肉植物

蘆薈的皮以及葉子當中的成分可能會導致貓咪拉肚子或引起腎炎。另外，貓咪碰到或吃到像仙人掌一樣有刺的植物的話，也會害嘴唇周圍以及口腔受傷。

其他植物

貓咪不小心吃到石蒜花、牽牛花、繡球花、菊花、大花三色堇、杜鵑花科植物、茄科植物、龍血樹（幸福之木）等等的植物，可能會導致身體不適，還是必須要多加注意。

預先屏除可能造成意外的各種因素

貓咪可能會跑到一些令人意想不到的地方，也會因為好奇心的驅使而伸手去碰各種物品，就算是養在室內的貓咪也一樣會發生意外。以下列出的這幾項都是貓咪經常發生的意外，不管哪一種都一樣，最重要的就是事前預防，才能避免貓咪不小心出意外。

誤食異物

貓咪誤食異物的案例，大多都是把繩子、橡皮筋、塑膠碎片、衛生紙、菸屁股等物品咬去玩，結果最後不小心吞下肚。即使貓咪沒有出現拉肚子、嘔吐等症狀，但極有可能已經誤食異物的話，還是要帶貓咪去給醫生檢查一下，這樣也會比較放心。

另外，也有發生過貓咪不小心吞進縫紉針等尖銳物品。誤食尖銳異物的時間一久，就有刺穿胃壁的危險性，一定要馬上就醫。

有些貓咪會跑來叼走我們放在桌上的串燒，結果跳下桌子的時候不小心被串燒的竹籤刺傷，所以飼主也要注意放在桌上沒吃完的食物。

在浴缸溺水

貓咪可能會在飼主外出時自己跑進浴室，結果溺水在浴缸裡。出門前記得先把浴缸裡的水排空。

廚房裡的意外

貓咪可能會伸手去撥瓦斯爐的開關，點燃瓦斯爐火，也可能不小心被瓦斯爐上的熱湯或熱油燙傷。飼主必須想辦法別讓貓咪跳到瓦斯爐上，或使用瓦斯爐蓋板等等保護貓咪的安全。

擦指甲油的時候一定
要保持通風！

尖銳物品造成的傷害

菜刀、剪刀、美工刀等尖銳的物品掉落時，刺傷了恰好待在下方的貓咪；貓咪自己跑到桌上玩，用前腳去撥這些刀具，結果受傷等等。

掉進洗衣機

不少貓咪都覺得洗衣機的空間很狹窄，很安心，所以喜歡跑進洗衣機。就曾經發生過飼主沒注意到貓咪跑進洗衣機，結果就直接啟動洗衣機，造成貓咪溺水的案例。

吸入指甲油等成分

指甲油、去光水、油性麥克筆、修正液等等都含有有機溶劑，這些有機溶劑的揮發性物質會逸散到空氣裡，被貓咪吸入。再說，貓咪的嗅覺都很敏銳，有機溶劑的臭味也可能會導致牠們身體不適。飼主在使用這些產品的時候，記得確實做好室內通風，或是拿到沒有貓咪的房間裡使用。

壁櫥裡的意外

有些貓咪會跑進壁櫥或衣帽間，結果被衣服纏住出不來，或被崩塌的衣物壓得不能動彈。當飼主出門時，貓咪可能會進入的任何危險場所都一定要上鎖。

房間擺設

沒必要讓貓咪出去陽台

有些貓咪飼主會讓貓咪到陽台享受戶外活動的樂趣，用這樣的方式代替真正的外出。

不過，如果是看著戶外就會提升警戒心的貓咪，最好還是別這麼做。看見有其他動物闖入自己的地盤、即使地盤被闖入也不能去追捕，都有可能造成貓咪的心理壓力（參考P110）。**養在室內的貓咪看起來過得很滿足的話，那就沒必要特地讓牠們到陽台玩。**

如果真的要讓貓咪到陽台的話，絕對要嚴格執行防偷跑對策。貓咪也會發生墜樓事故，所以一定要注意陽台外牆或欄杆的間隙。另外，**還有一件重要的事，那就是讓貓咪隨時都能按照自己的意願決定要留在陽台還是回到室內。**陽台會因為陽光直射而變得非常炎熱，也有可能因為突然下雨而變得溼答答。記得要讓貓咪隨時都能自行躲進室內避難。

房間擺設

別讓貓咪跳上餐桌

禁止貓咪上餐桌或許會比較好一點。因為就算貓咪都養在室內，腳底還是有可能沾了各種髒汙，而餐具或食物一旦沾到這些髒東西，就有被病毒或細菌感染的風險。而且，貓咪跳上餐桌的話，牠們也會想吃人類的食物。

一旦同意讓貓咪跳上一次餐桌，就會有下一次，所以剛開始把貓咪帶回家裡時，就要採取一些措施，不讓牠們習慣跑到人類的餐桌上。飼主一定要貫徹執行一項規則，那就是一發現貓咪跑上餐桌，就要馬上把牠們趕下來。

在貓咪有可能跳上餐桌的地方貼上膠帶或鋁箔紙，貓咪就會因為討厭黏黏滑滑的觸感、窸窸窣窣的聲音而避免接近。當貓咪跳上餐桌時，對牠們使用含有薄荷成分或醋味的噴霧、用扇子搧一搧風等方式嚇一嚇牠們，也能有效地讓貓咪知道「跳到桌子上就會有討厭的事情發生」。飼主在用餐的時候，給貓咪玩一些可以獨自玩耍的玩具，也能轉移牠們對於餐桌的注意力。

養在不同房間的話，幼貓可以盡情地玩耍，老貓也可以悠哉地休息。

房間擺設

貓咪之間若是不合，就要養在不同的房間

當幼貓精力充沛、活潑好動，而老貓只想慵懶悠閒的休息時，幼貓就會經常給老貓造成壓力。遇到這種情況的話，最好把幼貓與老貓養在不同的房間裡，萬一真的沒有多餘的房間這麼做，也要確保老貓有地方可以避難。此外，個性合不來的貓咪最好也分開飼養，如果有貓咪被其他貓咪欺負的話，也要趕緊協助被欺負的貓咪到其他房間避難。

如果新來的貓咪跟本來的貓咪是不同性別，而且還是幼貓的話，聽說相處起來會比較融洽。公貓之間容易互相攻擊，所以養在一起的貓咪最好都是母貓，不然就是母貓跟公貓，這樣可能比較保險。

另外，像是波斯貓、緬因貓、布偶貓、伯曼貓等品種的貓咪適應力較強，個性也較為溫順沉穩，所以也比較容易接受其他貓咪。

小動物與小鳥的飼養空間要跟貓咪分開

小動物與小鳥在貓咪的眼中都是「獵物」。就算貓咪的個性再怎麼溫順沉穩，看到小動物或小鳥在牠們眼前晃來晃去、在籠子裡面發出嘎吱嘎吱的聲響，都有可能因為覺得很好奇，而伸出牠們的前腳去撥弄這些小動物或小鳥。

對於貓咪而言可能只是輕輕地撥兩下，但對於這些小動物或小鳥來說，有時可能就會要了牠們的小命，牠們只能終日過著這種惶惶不安的日子。如果可以的話，還是盡量把小動物或小鳥養在沒有貓咪的房間裡，給牠們一個安心生活的空間。

有些飼主會讓貓咪跟小動物一起玩耍，但我們並不曉得貓咪的狩獵本能會在什麼時候、什麼情況下甦醒。就曾經有隻貓咪跟家裡的小鳥相親相愛地一起生活了十五年，但最後還是發生了貓咪攻擊小鳥的悲劇。

假如飼主真的還是想讓貓咪與小動物接觸的話，那麼請務必密切注意牠們的舉動。

我克制不住本能喵……

把打掃排進每天的例行公事

應該有不少的飼主每天都會使用吸塵器來清理貓毛跟貓砂吧。不過，吸塵器是貓咪眼中的大敵。每次使用吸塵器的時候，貓咪不是嚇得要命，就是生氣到炸毛，應該也讓一些飼主因此傷透腦筋吧。

首先最重要的一件事，就是趁著貓咪剛來到家裡時，從小練習如何去習慣吸塵器。

練習的時候有個重點，就是每天都要在固定的時間、以固定的步驟使用吸塵器打掃，讓貓咪覺得飼主使用吸塵器就是「日常生活的一部分」。只要將「使用吸塵器打掃房間」融入貓咪的固定行程之中，牠們就不會產生過度激烈的反應了。

另外還有一個重點，那就是平常要把吸塵器放在貓咪活動與休息的房間，讓吸塵器成為自然而然的存在，不要只有打掃的時候才拿出來。只要讓貓咪知道吸塵器是「一直都存在的東西」，也能降低他們的警戒心。

一步一步來，讓貓咪習慣吸塵器

※每完成一個步驟，就要先餵貓咪吃零食，才能繼續執行下一個步驟。

❶ 把吸塵器**放在房間裡**。

⇩

❷ 待在**吸塵器的旁邊**。

⇩

❸ **在距離貓咪比較遠的房間**啟動吸塵器，
讓吸塵器稍微發出一點運作聲。

⇩

❹ **在距離貓咪比較遠的房間**啟動吸塵器，
並增加吸塵器運作的時間。

⇩

❺ **在貓咪待著的房間外**啟動吸塵器，
讓吸塵器稍微發出一點運作聲。

⇩

❻ **在貓咪待著的房間外**啟動吸塵器，
並增加吸塵器運作的時間。

⇩

❼ **在貓咪待著的房間裡**啟動吸塵器，
讓吸塵器發稍微發出一點運作聲。

⇩

❽ **在貓咪待著的房間裡**啟動吸塵器，
並增加吸塵器運作的時間。

※步驟❸～❽中啟動吸塵器的人跟餵貓咪吃零食的人，最好是不同的兩個人。

規定一間禁止貓咪進入的房間

家裡如果有一間禁止貓咪進入的房間，就可以方便用來放一些不想給貓咪碰到的物品、危險的物品等等。當貓咪出現攻擊性的時候，也可以當作飼主的避難場所。打從飼養的一開始便禁止牠們進入房間的話，貓咪就不會把這些房間當成是自己的勢力範圍，自然也不會想要進入。

也許有些飼主之前都讓貓咪自由進入各個房間，但後來想要禁止貓咪進入某些房間。如果是這樣的話，那就必須讓貓咪知道之後只要接近那些房間，就會有討厭的事情發生。

例如：在房間門口噴灑貓咪討厭的柑橘類或薄荷成分的噴霧。飼主也可以設計一些小機關，像是碰到門就會有掉落的硬幣發出牠們討厭的金屬聲、或是一碰到門就會有空氣噴出來等等。而且貓咪們很討厭黏黏的觸感，所以還可以把雙面膠帶貼在貓咪可能會去觸碰的門板位置。至於這些小機關會不會危險，就請飼主們第一次使用時，先在遠處觀察一下。

而且，還有一個重點要注意，那就是別讓貓咪發現是誰設計了這些機關，這樣才不會被貓咪討厭。

若要準備籠子的話，就要選擇高度足夠的籠子

室內若有貓咪可以使用的空間，那就不一定要用籠子關住貓咪。不過，使用籠子還是有許多好處，例如：成為貓咪慵懶休息的空間、避免飼主外出時做出危險行動或逃跑、當作災害發生時的避難所等等。當貓咪們在打架的時候，也可以把其中一隻貓咪關進籠子隔離或避難。

給成貓使用的籠子，最好是可以上下活動且高度足夠的兩層／三層式貓籠。木製貓籠雖然比較接近自然，但容易吸收尿液與糞便，所以使用鐵籠或塑膠籠的話，打掃起來會比較輕鬆。鐵籠的門在開關的時候容易發出刺耳的金屬聲，這一點要多加留意。

籠子的最下層放貓砂盆與貓抓板，中間層放飼料碗與飲水器，上層放貓咪的睡床，這樣的配置是最基本的。

用品、小物

貓抓板要選擇直立型，而且面積要夠大

磨爪子是貓咪非常重要的行為，不可以禁止牠們磨爪子。只要準備適合的貓抓板，就能減少貓咪拿家具或牆壁來磨爪子的情況。市面上的貓抓板有各種不同的形狀與材質，而以前生活在野外的貓咪都是使用樹木來磨爪子的，所以通常貓咪都喜歡垂直型的貓抓板。最適合的貓抓板是方便貓咪由上往下插入爪子、材質能勾住爪子，且大小又適合貓咪站著磨的貓抓板。也別忘了確認貓抓板的穩固程度，看看貓咪磨爪子的時候會不會搖晃或傾倒。貓咪磨爪子也是在做記號占地盤，在貓抓板留下自己的味道，會讓貓咪覺得很安心。飼主記得要配合貓咪的動線，在牠們睡覺地點旁、走道的顯眼之處等等，多放幾個貓抓板（參考P198）。

用品、小物

飼料碗的材質要選擇陶器、玻璃或不鏽鋼

塑膠製飼料碗的優點是便宜又不容易摔破，但缺點就是容易產生刮痕。汙垢卡在這些刮痕裡，就容易滋生細菌，而這些細菌有時也會害貓咪的下顎長痘痘（痤瘡）。貓咪的下顎長了痘痘之後，每次只要吃飯都會碰到飼料碗的細菌，結果就容易陷入惡性循環，怎樣都治不好。

給貓咪的飼料碗建議使用陶器製、玻璃製、不鏽鋼製的產品。假如還是要使用塑膠製的飼料碗，那就要記得常常買新的碗來替換。不鏽鋼製的飼料碗會反光，有些貓咪並不是很喜歡，假如貓咪用了之後好像很討厭的話，那就再試試看陶器製或玻璃製的飼料碗吧。

用品、小物

項圈一定要掛上防走失吊牌

項圈可以證明貓咪是有人飼養的。記得把寫上貓咪與飼主的名字、聯絡地址的防走失吊牌掛在貓咪的項圈上，這樣當貓咪逃跑、走失的時候，可以大幅增加尋回貓咪的機率。

曾經也發生過項圈勒斃貓咪的意外，如果是使用寵物安全扣的項圈，只要力道足夠就能扯開，對貓咪來說比較安全。

項圈太鬆的話，貓咪在用腳抓癢的時候，很有可能就這樣卡在脖子與項圈中間的縫隙，最後造成意外。脖子與項圈中間的縫隙大約是人類一～兩隻手指可以插進去的程度即可。

項圈上的鈴鐺對貓咪是一種壓力？

column

有些貓咪從小就習慣戴鈴鐺，並不怎麼在意鈴鐺聲，也有一些貓咪只要發現項圈掛了鈴鐺，就會覺得很介意。若要給貓咪配戴有鈴鐺的項圈，剛開始一定要多多注意貓咪的樣子，看看牠們會不會覺得很討厭。

用品、小物

讓貓咪穿上衣服時，飼主的視線不可以離開貓咪

有些貓咪不習慣穿衣服，一穿上衣服就會覺得很彆扭，不是抓狂暴走，就是驚慌得不知如何是好。另外，遮在身上的布料會妨礙牠們清理自己的身體，有時也會造成貓咪的壓力。曾經還發生過貓咪往上跳的時候勾到身上的衣服，結果導致貓咪被吊在半空或因此窒息等等的意外。要是真的要給貓咪穿衣服的話，飼主一定要在旁邊顧著貓咪。

話雖如此，有時穿衣服還是有很多好處，例如：手術後可以保護傷口、給沒有毛的貓咪保暖或防紫外線等等。

把沾有貓咪味道的物品一起放進外出提籠，貓咪待在籠子裡就會覺得更加安心。

外出

選擇上開式＋前開式的外出提籠

貓咪的外出包有各種不同的形式與材質，而最方便又安全的，就是材質堅硬不會軟塌的外出提籠。不論是去動物醫院，還是一起回老家等等，帶著貓咪外出時都非常好用。把外出籠的門打開，直接放在家裡的話，還可以當作貓咪的藏身之處或貓窩使用。

如果是塑膠製的外出提籠，不僅耐髒不怕水，提著移動的時候也不會重，很方便。

建議各位飼主使用上開式＋前開式的外出提籠。如果只有前面一個門的話，貓咪躲進去一點的時候，就不容易抓出來。提籠上方也有開口的話，不僅方便查看貓咪的狀況，貓咪在動物醫院害怕得不肯出來的時候，有些獸醫師也會接受飼主打開籠子上面的門，讓貓咪直接待在籠子裡看診，這樣就不必強迫貓咪離開外出提籠。

別讓貓咪覺得看到外出提籠就是要出門或去動物醫院

貓咪不習慣外出籠的話，通常都會很排斥進入外出提籠。平常把外出籠放在貓咪生活的空間裡，讓牠們當作睡覺地點之一，牠們的警戒心應該就不會那麼強。從小就讓貓咪習慣進出外出提籠，飼主也會比較輕鬆。

平常都把外出提籠收起來，只有使用的時候才拿出來的話，會讓貓咪變得很警戒，甚至有可能以為看到外出籠就是要去動物醫院，結果嚇得跑去躲起來。飼主做好外出準備之後才拿出外出提籠的話，也會讓貓咪特別覺得外出提籠是外出的專用用品，又會讓牠們的警戒心變得更嚴重。飼主平常就拿出來放在房間裡也行，還是外出之前若無其事地整裝出發也好，別讓貓咪產生「外出提籠等於去醫院或出門」的既定印象。

要引誘貓咪進入外出提籠，就使用珍藏的點心或玩具吧。不管是貓咪進入外出籠以後，還是外出後、看完醫生後回家，記得都要讓貓咪先待在外出提籠裡面吃零食，反覆地讓牠們產生「外出提籠＝有好吃的、好玩的」的記憶，用這份愉悅的記憶去蓋過進入外出提籠的記憶。

貓咪習慣進入外出提籠的話，這樣萬一發生了災害，也比較方便帶著貓咪去避難。

給我點心的話
我就進去~

搭車的時候，要把外出籠遮住

帶貓咪搭車時也可以使用外出提籠。使用毛巾或毛毯蒙住整個籠子，讓貓咪看不到外面的樣子，應該會比較好。

因為對於許多貓咪來說，離開家就等於離開自己的地盤，搭車的時候又會看見窗外不停飛逝而過的景色，這些情況都會讓牠們覺得很不安。還有一些貓咪則是太過興奮，所以只要看不到車外的模樣，牠們激動的情緒就會比較容易冷靜下來。假如貓咪搭車時太緊張或興奮的話，飼主不妨輕輕地出聲安撫牠們的情緒吧。

若直接把外出提籠放在汽車座位上，籠子在行進過程中可能會搖來晃去，飼主可以使用安全帶固定住籠子，也可以把籠子放在副駕駛座或後方座位的腳邊，這樣比較不會讓籠子晃動。

我們也看過有人把貓咪放進洗衣網，但是萬一貓咪的爪子勾住網子，那就不好玩了。而且，貓咪還是可以從洗衣網看到外面的樣子，一樣會讓牠們覺得很不安，所以並不建議這麼做。

用毛巾或毯子蓋住外出提籠後，還要把籠子固定好，別讓籠子晃來晃去。

外出

用冰冰涼涼的零食應付暈車

在搭車的過程中，總是容易伴隨著暈車。有些貓咪也跟人類一樣，一搭車就會暈車，而有些貓咪則不會。而且，貓咪緊張不安的的時候，暈車的症狀就容易變得更嚴重。

讓貓咪從小習慣搭車移動的話，通常暈車的情況都會好一點。不過，先天體質造成的暈車並不是習慣就能改善的，萬一遇到搬家等情況，真的非不得已要搭車長途移動的話，也可以事前跟獸醫師討論，請醫師開暈車藥給貓咪服用。

假如貓咪坐車時會興奮或害怕得一直叫個不停，那就試試看給貓咪吃冷凍過的零食，讓牠們多花一點時間舔舐冰涼的零食。有人做過關於狗狗的研究，發現只要狗狗的嘴裡有食物的話，身體就會分泌出催產素（幸福荷爾蒙）。而貓咪也跟狗狗一樣，所以我們可以試著在搭車時給牠們吃點零食。而且，在車子發動之前就先餵貓咪吃零食的話，還可以趁著貓咪不注意的時候出發。

事先準備好一些冷凍的零食吧。

飼主在外出之前就要做好預防室內意外的措施

危險物品都要收拾好！

把貓咪獨自留在家裡，**最重要的一件事就是排除任何危險的狀況**。

我們在P168～169介紹過貓咪在室內經常發生的各種意外，萬一這些意外是發生在飼主不在家的時候，後果就不堪設想。

其中特別要注意的，就是貓咪自己跳上瓦斯爐，點燃瓦斯爐火的意外事故。最保險的預防方式是完全禁止貓咪跳上瓦斯爐台，但若貓咪還是會自己跑上去的話，**在出門之前記得都要先把瓦斯管閥的開關鎖好，避免起火或瓦斯外洩**。

在放了洗澡水的浴缸裡溺水、從窗戶的縫隙偷溜出門，也是貓咪獨自在家時經常發生的意外。**貓咪的身體非常柔軟，只要是頭鑽得過的縫隙，牠們的身體也鑽得過去**。那怕窗戶或浴室的門只是打開一點點，牠們一樣可以從這小小的縫溜過去，所以飼主出門之前別忘了關緊門窗，並把窗戶上鎖。還可以利用防止幼童亂開房門或櫃子的兒童安全鎖扣。

另外，也要注意別讓貓咪不小心誤食異物！**只要是貓咪可以塞進嘴裡的玩具或小東西，都要收在貓咪拿不到的地方**。玩具的零件有可能脫落的話，同樣會有誤食的危險性，記得也要把這些玩具收好，別讓貓咪拿到。假如貓咪不排斥關籠，飼主外出時讓貓咪待在籠子裡也是個好辦法。

看家

飼主安排了兩天一夜的旅行時，要準備好兩天份的貓糧與飲用水

面對不同以往的環境以及不認識的陌生人，都會讓貓咪產生極大的不安。當飼主安排了兩天一夜的旅行時，只要事先做好萬全的準備，貓咪還是可以獨自看家，不用去其他地方寄宿，也不必請寵物保母。

給貓咪的飲用水要比平常更大量，而且還要在其他不同地點都放置一個飲水器，這樣萬一不小心打翻了水，還有其他的飲水器可以讓貓咪喝水。食物則是準備好兩天份的乾飼料。溼飼料放置太久很可能會腐壞，絕對不能放著給貓咪吃。假如貓咪會一口氣把食物吃光的話，那就使用自動餵食器，定時投放少量的飼料。

飼主在出門之前還必須把貓砂盆清理乾淨，另外再多準備幾個貓砂盆，這樣貓咪才有乾淨的貓砂盆可以上廁所。另外，也必須把廚餘以及食物清理乾淨，這樣貓咪才不會吃到不該吃的東西。也要做好溫度與濕度的管控（參考P158）。

要多準備一點食物跟飲用水。

column

使用安靜的寵物監視攝影機

有些飼主會使用寵物監視攝影機，查看貓咪獨自在家時的狀況。有些寵物監視攝影機還具備通話功能，但聽得到飼主的聲音卻看不到飼主的身影，反而會讓貓咪覺得更不安。另外，可調整鏡頭角度的監視攝影機在調整角度時，也容易讓貓咪產生警戒心，所以還是請飼主使用安靜且低調的監視攝影機吧。

看家

利用飼主的氣味 給貓咪安全感

貓咪對於氣味很敏感，只要附近有自己或同伴的氣味，牠們就會覺得很安心。

相當於貓媽媽的飼主若能把自己的味道留在貓咪的身邊，想必貓咪一定會覺得很安心。當飼主需要長時間外出，必須把貓咪獨自留在家裡時，就可以把沾有自己身上氣味的衣服或毛巾放在貓咪身邊，成為貓咪的定心丸之一。

不過，貓咪若是有分離焦慮的情況（P139），牠們會覺得把自己的味道跟飼主的味道混在一起才安心，所以可能就會在飼主給的衣服或毛巾上面尿尿。另外，還有一些貓咪尿尿在衣服或毛巾，是因為不想離開飼主的味道，才不肯去貓砂盆上廁所。

當飼主外出時，貓咪就會尿在衣服或毛巾上的話，或許就是因為分離焦慮造成的，不妨與獸醫師討論看看該怎麼辦。

看家

要給貓咪找寵物保母，就要交給專業的貓咪保母

不認識的地方跟人
都讓我覺得不安喵

近年來，出現愈來愈多的寵物保母與寵物旅館。有些寵物旅館是跟動物醫院開在一起的，有些動物醫院也會推薦寵物旅館給飼主，飼主不妨問問看動物醫院，說不定會發現不錯的寵物旅館。

在日本，如果要自己找寵物旅館的話，首先必須先確認業者是否以動物處理專任人員的身分登錄「動物處理業」，業者若已登錄，網站上都找得到資料。接著，還要確認寵物旅館內的環境是否能盡可能地讓貓咪舒適地生活，例如：貓咪與狗狗的住宿區是否分開等等。另外，貓咪不太能承受環境的變化，還是要盡量避免讓貓咪長期寄宿在寵物旅館。

如果要找寵物保母的話，最好交給具備貓咪照護知識的專業貓保母。他們擁有專業的照護知識以及豐富的經驗，可以讓飼主更加放心。專業的貓保母自然會妥善地照顧好貓咪，他們甚至還會拍攝貓咪的照片或影片給飼主看。

畢竟要請貓保母到府照顧貓咪，就要把家裡的鑰匙交給對方，所以最重要的還是對方的人品是否可以信任。不管是別人介紹的，還是自己找的，在委託之前一定要好好調查清楚才行。

貓咪的用品最後再打包，搬到新家後要最先布置

飼養貓咪的人在搬家時有許多事情要特別注意，包括搬家前的打包作業、搬家當天、搬入新家之後，都有各自需要留意的重點。

搬家前的打包作業

在整理衣櫃、壁櫥、抽屜櫃等家具時，櫃門或抽屜都要一直打開、關上，還要不停地把東西裝進紙箱裡，然後再封箱。要小心別讓貓咪跑進這些家具或紙箱裡。

飼主或許會因為忙碌的打包作業而心浮氣躁，貓咪待在飼主的身邊，也會感受到這份緊張感。記得要保持跟平常一樣的態度，平心靜氣地面對貓咪。

貓咪的睡床、貓砂盆、飼料碗等用品，都要最後才能打包起來，盡力把環境變化的程度降到最低。而且，要把貓咪的用品整理在最方便取出的箱子，這樣搬進新家之後才可以最先拿出來給貓咪使用。

好擔心會不會發生什麼事……

記得還要把沾有貓咪氣味的毛毯等衣物一起帶到新住所，讓貓咪覺得新住所也是牠們可以安心居住的處所。再打包一些吸收了貓尿的貓砂帶到新家，貓咪也會更容易在新家的貓砂盆裡上廁所。

搬家當天

在搬家人員抵達之前，先把貓咪的飼料碗、飲水器、貓砂盆，以及用來關貓咪的外出提籠放在某一個房間，然後把貓咪關在這個房間裡。事先把房

搬家當天要把貓咪關進房間隔離。

間的行李、家具搬出來，讓房間保持關閉的狀態，並且讓搬家人員知道該房間正關著貓咪。

等到其他房間的東西都搬完之後，由飼主單獨進入貓咪所在的房間，將貓咪關進外出提籠，再開始搬運貓咪的用品。搬運的時候，千萬要注意別讓貓咪偷溜走。

假如家裡沒有房間可以隔離貓咪，先帶貓咪去寵物旅館寄宿也是個辦法，但一直到搬家前幾天才訂房的話，很有可能訂不到適合的寵物旅館，最好要及早預約。

搬入新家之後

家具跟行李全部都搬進房子之後，確定門窗都已經確實關好並上鎖，就可以把貓咪放出籠了。但要是貓咪已經嚇得渾身發抖，就別強迫牠們馬上出來，請給牠們一點時間。

貓砂盆、飼料碗與飲水器、睡床都沿用之前在舊家使用的舊品，並且先把吸收了貓尿的貓砂放進貓砂盆裡。

市面上有一種能讓貓咪情緒穩定的貓咪費洛蒙產品，叫做「費利威（Feliway）」。事先在貓咪起居空間裡噴灑費利威，說不定可以幫助貓咪緩和情緒。

緊急狀況

貓咪逃家的話，先帶著零食在住家附近尋找

好奇心旺盛的貓咪也會對於外面的世界充滿好奇。要避免貓咪偷溜出門，上上之策就是把門窗確實關好並上鎖。帶貓咪回來飼養之前，就要事先做好防逃家對策，包括：玄關處加裝寵物安全門欄、紗窗加鎖等等。而且貓咪的跳躍能力非常好，所以安全門欄的高度一定要足夠，要選擇貓咪跳不過去的產品才行。有些貓咪還會跟在飼主的背後一起出門，所以打開安全門欄的時候也要多加注意。

曾經發生飼主要到陽台晾衣服，結果貓咪跟著一起到陽台之後就逃跑的案例。飼主要到陽台的時候，都要確認貓咪有沒有跟過來，要是覺得不放心，那就想辦法讓貓咪無法從陽台溜走，例如：把陽台的柵欄裝上網子等等。

就算貓咪平時再怎麼老神在在，聽到轟然大作的聲響等等，還是有可能被嚇得奪門而出，所以千萬不可以大意。

貓咪逃家的時候

先在住家附近尋找

貓咪因為習性的關係，逃家之後大多都會躲在離家不遠的地方。萬一貓咪逃家的話，就先從附近開始尋找吧。

撒一點貓砂

在住家附近撒一點貓咪尿過的貓砂，貓咪就會因為聞到自己的味道而稍微放下戒心，比較容易現身。

用零食召喚貓咪

找到貓咪的時候，若是突然把手伸到面前，可能又會把牠們嚇跑。所以這時就要先讓貓咪看一看私藏的零食，讓牠們自己主動靠過來。大聲呼喊可能也會嚇跑貓咪，絕對別這麼做。

到各個地方詢問

到附近的派出所、警察局、各地的動物收容所詢問，打聽看看有沒有人撿到了走失的貓咪。

善用SNS

在Twitter、Facebook、Instagram等社群網站張貼尋貓啟事，通常都會很有效。還可以在一些寵物走失協尋網站看看有沒有貓咪的消息。記得平時就要拍一些容易辨識貓咪身上特徵的照片。

先確認好避難地點，與準備好貓咪的防災用品，應對災害的發生

人類和貓咪的避難用品，再加上關了貓咪的外出提籠，這些東西加起來的重量不容小覷。要先確認好是否提得動這些東西。

提前規劃災難發生時如何帶著貓咪逃難，並且做好充足的事前準備，是面對災害時最重要的一件事。首先要確認一下各地方政府或中央公布的災害指引，看看最近的避難所在哪裡，帶著寵物一同避難要注意哪些事情等等。

把人類的避難用品跟貓咪的避難用品整理好，然後一起放在方便拿了就走的玄關處等位置。如果還有其他的同住家人，也要提前決定好由誰負責帶著貓咪避難。

貓咪會不會乖乖地待在外出籠裡，很有可能是決定貓咪能否隨飼主一同進入避難所的條件。飼主平時就必須先讓貓咪習慣待在外出籠裡（P183）。

在避難所裡，很有可能要跟其他寵物待在同一個室內空間，所以做好跳蚤與蟎蟲的預防對策、結紮手術都是非常重要的事。另外，平時就要讓貓咪習慣帶著項圈與寵物吊牌，有植入寵物晶片的話，那就更好了。

避難時要攜帶的貓咪防災用品

□ **食物、飲用水**

準備未開封的貓糧共三天份，溼飼料有助於水分補給。

□ **點心**

需要安撫貓咪，或貓咪食慾不振時，都可以派上用場。

□ **食器**

準備好飼料碗以及喝水碗。攜帶方便的輕巧型食器會更好。

□ **胸背帶與牽繩**

可以避免貓咪走失。

□ **外出提籠或寵物運輸籠**

可折疊的軟式寵物籠會更方便攜帶。貓咪進入避難所之後都要住在籠子裡，所以空間稍微大一點的會更好。

□ **毛巾類**

大條的浴巾也可以用來蓋住提籠，讓貓咪看不到外面。

□ **排泄用品**

寵物尿布墊、貓砂。要多準備一些尿布墊。

□ **報紙**

撕碎的報紙可以用來代替貓砂。

□ **密封垃圾袋、塑膠袋**

用來清理貓咪上完廁所後的排泄物。除臭噴霧也是清潔的好幫手。

□ **貓咪的藥品**

貓咪抱病的話就需要準備。

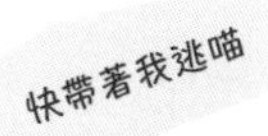

斟酌是否要替貓咪植入晶片

日本在發生三一一東日本大地震之後，許多的狗狗與貓咪都無家可歸。這場災害促使日本修正了動物愛護管理法，寵物販售業者有義務替動物植入晶片，該法預定自二〇二二年六月起實施。

寵物晶片都有用於識別個體的晶片號碼，而日本的寵物晶片為十五碼的晶片，飼主在辦理寵物登記之後，就可以明確地證明自己為寵物的所有者。寵物晶片不同於寵物項圈與吊牌，不必擔心脫落或遺失，更有效幫助走失的貓咪找到飼主。

不過，寵物晶片必須有專用的晶片掃描器才能讀取資料，有些地方的動物收容所可能還沒引進這樣的設備。光從貓咪的外表也看不出是否已植入晶片，有時還是可能會錯失良機。因為這樣，即使替貓咪植入寵物晶片，也不能保證百分之百找得回來，不過還是有許多走失的貓咪，都是在寵物晶片的幫助之下才能與飼主重逢。

寵物晶片要由獸醫師以皮下注射的方式植入貓咪的體內。帶貓咪健檢或看診的時候，不妨與醫生討論看看。

這樣可以嗎？

為什麼要這樣？

探索「貓咪日常」

貓咪日常 1

用前腳把眼前的東西撥到地上

⇨為了滿足前腳的操縱欲，
或是當作玩具來玩耍

貓咪會用牠們靈活的前腳去探索各種事物，所以用前腳把東西撥到地上，大概是為了滿足前腳的操縱欲，或是想知道牠們這樣做的話會發生什麼事情。貓咪的肉球很敏感，所以牠們也很好奇每一種東西摸起來的觸感。也有人說，貓咪在狩獵時會用前腳踩住獵物，藉此感受獵物的心跳，以便確認獵物是不是還活著。

另外，飼主大聲驚呼，跑來把掉落的物品撿回原位放好，有時候也會讓貓咪覺得這樣的反應很有趣，以為飼主在跟牠們玩遊戲。

貓咪日常 2

明明有貓抓板，卻還是用牆壁或家具來磨爪子

⇨貓抓板放在不起眼的地點，
貓咪就不會去使用

貓咪在某個地方磨爪子，通常是為了讓別人知道這裡是牠的地盤，所以牠們就會在醒目的地方留下自己的抓痕跟氣味。假如貓抓板放在不起眼的地方，很有可能被貓咪無視，所以飼主就要重新調整一下貓抓板的位置。

貓咪磨爪子的時段大多都在吃飯後與睡完午覺後。這時就要在貓咪經常出沒的地點，找個顯眼一點的位置擺放貓抓板。只要讓牠們知道自己不需要大老遠地跑去別的地方磨爪子，想必貓咪就會使用這些貓抓板來磨爪了。

飼主在用電腦的時候很愛來搗蛋

飼主的反應讓牠們很開心

這是因為貓咪看見飼主集中精神在電腦前工作的樣子，就以為只要自己跑到電腦螢幕前面或鍵盤上面，飼主也會這麼專心地看著牠們。正在工作而無法離席的飼主，通常都會給牠們摸一摸、跟牠們講一講話，希望把牠們從工作桌上請下來，對吧？而貓咪看到飼主出現這樣的反應都會很開心，以為「只要我跑到電腦前面或鍵盤上面，就會有好事情」，才會一再地出現這樣的舉動。

貓咪日常 4

躺在報紙或雜誌上

覺得這是讓飼主理睬牠們的好機會

這就跟飼主在電腦前面工作的情況一樣，飼主正在看報紙或雜誌的話，就不會起身離開位置，而貓咪便覺得這是讓飼主答理牠們的好機會，才會跑來報紙或雜誌上面躺著。也有人認為，報紙跟雜誌有保暖的效果，而且也比較容易沾上其他味道，貓咪才會這麼喜歡跑到報紙或雜誌上面躺著。只要貓咪跑來躺在報紙或雜誌上，飼主就起身離開位置，這樣多重複幾次之後，貓咪就不會再這麼做了。

貓咪日常5

飼主睡覺的時候，就愛跑到飼主的臉上

⇨追求溫暖與安心感

感受飼主臉上的溫度，以及感受飼主頸動脈跳動的脈搏，可以讓貓咪得到胎兒時期聽著母貓心跳聲時的那股安心感。另外，飼主的嘴邊也會殘留各種味道，而貓咪會使用前腳去蹭一蹭這些味道，再用前腳去洗自己的臉，想把牠們最喜歡的飼主的氣味跟自己的味道混在一起。

還有，貓咪大概也知道只要爬上飼主的臉，原本在睡夢中的飼主就會起床給牠們摸摸頭、摸摸身體吧。

貓咪日常6

一直靜靜地盯著飼主看

⇨有求於人、表示愛意、覺得不安等等，有各種不同的意義

貓咪一直靜靜地盯著人看的原因有非常多種。有時可能是因為肚子餓，想要跟人討食物吃；有時一直盯著人看，然後又慢慢地眨了眨眼，就代表牠們正在對飼主表示牠們的愛慕之情。當貓咪情緒不穩定或覺得驚恐不安的時候，也會目不轉睛地看著人，想要瞭解貓咪到底是怎樣的心情，就要搭配牠們的肢體語言（P88～91）來判斷。

舔飼主的眼淚

⇨發覺飼主的樣子很奇怪

許多人都說狗狗可以感同身受飼主的喜怒哀樂，至於貓咪會不會呢？那就不得而知了。不過，貓咪可以很敏銳地察覺到不同以往的情況，所以牠們說不定是查覺到飼主有異樣，對於飼主的眼淚感到很好奇才跑來舔舔看。

另外，貓咪也許之前曾在飼主心情低落的時候靠近飼主，然後飼主就給牠們摸一摸頭、摸一摸身體；或是心情不好的飼主在靠吃東西來發洩情緒時，剛好被牠們撿到一些掉落的食物等等。當貓咪有過好幾次這樣的經驗以後，牠們就會覺得只要靠近心情不好的飼主，就會有好事情發生。

貓咪日常8

用前腳踩踏軟軟的物品

⇨小時候吸吮母奶時留下的習慣

在貓咪還是小奶貓的時候，牠們吸吮母奶時都會用前腳踢踢媽媽的腹部，長大之後受到這個習慣的影響，便會用前腳踏踏物品。貓咪在坐墊、毛巾、人的身體等等比較柔軟的地方用前腳踏踏時，牠們就會回想起幼貓時期的記憶。另外，貓咪為了把睡覺的地方變得更加舒適，也會用前腳踏踏的方式把床鋪弄得鬆軟一點。

不管貓咪在什麼情況、什麼地方用前腳踏踏，都只有在心情愉悅滿足的時候才會這麼做。

貓咪日常9

跟狗養在一起，行為就會變得像狗一樣

⇨從小跟狗狗一起長大的話，可能變成「像隻狗狗的貓咪」

幼貓在長大之前會歷經社會化（P98）時期，這時身旁的動物或人類的行為，都會給貓咪帶來深遠的影響。一般認為貓咪從小跟狗狗一起長大的話，狗狗的一舉一動就會成為牠們學習的範本，讓牠們學會做出類似狗狗的動作。同樣的，狗狗從小跟貓咪一起生活的話，也可能變成一隻「像貓咪的狗狗」。

不過，就算貓咪做出跟狗狗一樣的動作，那也只不過是單純的模仿，未必真的是狗狗的肢體語言所代表的意思。所以，在透過動作推測貓咪的心情時，還是必須多加注意才行。

喜歡鑽到箱子或袋子裡

⇨貓咪眼中安全又隱蔽的場所

貓咪都喜歡狹小又陰暗的地方，而且袋子跟箱子裡面很溫暖，是個很舒適的空間，所以貓咪就會把袋子跟箱子當成是一個可以安全地躲起來偷偷觀察別人的秘密基地。有時貓咪的身體可能會稍微溢出袋子跟箱子，但對貓咪來說，比起可以容納整個身體的空間，牠們更喜歡這種有點擁擠的感覺，會覺得很安心。

剛把貓咪帶回家裡，或帶著貓咪搬到新的住處時，給貓咪一個可以把身體塞進去的小紙箱，牠們會更容易適應新環境。

爬到冰箱上

➪覺得冰箱上面是個又高又溫暖的好地方

喜歡高處是貓咪的本能。在野外生活的貓咪都會躲在適合眺望遠方的高處，從上而下搜尋附近的獵物，或環視四周有沒有敵人的存在。而冰箱上方的機殼通常都很溫暖，也是貓咪選擇躲藏處的重點之一。

在多貓家庭裡，畏懼其他同伴的貓咪也會把冰箱上方當成是牠們的藏身之處。如果貓咪有這樣的情況，記得另外給牠們準備一個安心的容身之處。

貓咪日常12

不會從高處跳下來

➪貓咪的爪子不適合往下跳

貓咪的爪子形狀適合往上攀爬，卻不適合往下跳。牠們可以很敏捷地往上爬，但如果要從很高的地方往下跳，牠們可能就會害怕得不敢亂動。

要是飼主還在一旁大呼小叫，可能會把牠們嚇得更不敢往下跳，所以這時只要把貓咪喜歡的點心放在下面，讓牠們自己想辦法下來就好。假如貓咪一直往高處跑，卻又不敢自己往下跳，或許準備一些長木板之類的物品給牠們當成斜坡，也是個不錯的辦法。

用前腳撈水喝

⇨不是在玩耍，只是不放心把臉靠近水邊

貓咪用前腳撈水，可能是覺得水晃來晃去的樣子很有趣，便伸出前腳撥弄碗裡的水。

除了玩水之外，還有可能是因為貓咪討厭鬍鬚碰到水，或是覺得低頭喝水就看不到周圍的情況，讓牠們覺得很不放心。另外，還有些貓咪是因為搞不清楚飲水器裡的水位有多高，不曉得應該把臉靠得多靠近才好，所以牠們才改成用前腳撈水喝。對於貓咪來說，碗裡面的水量（水位）不固定的話，會讓牠們覺得有一點壓力。飼主可以改用比較淺的喝水容器，並且時常幫貓咪維持固定的水量。

貓咪日常14

把頭伸到打開的水龍頭底下

⇨把水當成獵物，享受流水的樂趣

經常在貓咪的影片當中，看到有貓咪把頭擋在水龍頭底下，將水龍頭的水弄四處亂濺，然而影片中貓咪卻不是在喝水。通常在這種情況下，貓咪並不是為了喝水才跑到水龍頭底下，而是把水當成了捉摸不定的獵物在玩耍。水龍頭的潺潺流水會讓貓咪陶醉不已，所以牠們也許毫不介意被水弄溼了頭，不然就是太過陶醉，以至於根本沒注意到自己的頭已經被水淋得溼答答的吧。另外，牠們可能是因為發現用頭就可以改變水流的方向，覺得這樣子很有趣，才會一直玩水龍頭的水吧。

貓咪日常15

先是輕咬一下，再來就會突然用力咬人

⇨可能是情緒太過激動，也可能是叫飼主住手

貓咪之間會互相舔毛、互相清理身體，藉此將愛慕之情傳達給對方。除了用舌頭舔舐之外，有時牠們也會用前排的牙齒輕輕地咬對方，貓咪對著飼主輕輕地淺咬幾下，就是其中一種表達愛慕的方式。不過，貓咪還有個習性，當牠們在給人摸毛的時候，若是變得太過興奮，就會忍不住啃咬對方。我們將這樣的行為稱為「撫摸性攻擊行為」。當貓咪已經不想再繼續給人摸毛，想叫飼主住手的時候，才會這樣咬人，所以飼主在給貓咪摸毛時，記得要一邊注意貓咪的樣子，看看牠們有沒有出現表示不開心的肢體語言（參考P131）。

貓咪日常16

抓蟑螂或昆蟲

⇨會動的東西激起牠們的狩獵本能

貓咪一看到會動的東西，牠們的狩獵本能就會驅使牠們去抓獵物。有時只要對方停止不動，貓咪就會漸漸失去興趣。

貓咪在空腹的時候更容易被激起狩獵本能，但就算牠們肚子不餓，還是會把這些小昆蟲當成玩具追逐。貓咪有時會把抓來的獵物吃掉，有時又覺得只要能抓到獵物就很滿足，抓到之後就放著不管。

貓咪日常17

自己隨便亂開門

⇨換成貓咪不好開啟的門把

可以順利地用前腳轉開門把的貓咪，都是在一旁看著飼主開門，自己學習開門的方法。

假如貓咪沒有逃家等等的危險，飼主也覺得不要緊的話，讓牠們去轉動門把倒是沒什麼問題。

但要是貓咪自行開門的行為會造成一些困擾的話，那就要想辦法讓貓咪無法順利開門。向下壓即可開啟的橫向長柄把手比較容易被貓咪轉動，所以飼主可以試試看把長柄把手的方向換成直向，或替換成圓形的把手等等。

貓咪日常18

有客人的時候就會躲起來

⇨盡量讓貓咪聞得到對方的味道，慢慢習慣與熟悉

看到未知的東西就會跑去躲起來，是貓咪的習性。把訪客所在的房間的房門打開，盡量讓貓咪聞得到對方的味道，牠們習慣之後，可能就會主動靠近。

知道有人要來家裡的話，記得提前先跟對方商量，請他們到時候不要有太大、太快的動作，這樣才不會嚇到貓咪。提前準備好貓咪喜歡的零食，讓對方用這些零食餵貓咪，也會給貓咪留下好印象。

貓咪日常19

會跟著飼主進入廁所或浴室

➪貓咪認為飼主在這些地方就會答理牠們

我們人類在廁所或浴室的時候，通常也會有好一段時間都是保持靜止不動的狀態，所以貓咪覺得只要牠們跟著飼主到這些地方，飼主就會答理牠們。有些貓咪跟著飼主進入廁所或浴室之後，飼主便會給牠們摸一摸毛、跟牠們講一講話，有了這樣的經驗之後，牠們下次就會再繼續跟著飼主。另外，說不定牠們是因為覺得浴缸的保溫蓋板很溫暖，磁磚冰冰涼涼的很舒服等等，才會喜歡跑到浴廁。

飼主覺得不要緊的話，那就沒什麼問題；不希望牠們進入廁所或浴室的話，那就給貓咪一些可以自行玩耍的玩具，讓牠們待在浴廁外面玩吧。

貓咪日常20

擠在一起睡覺

➪氣味相投的貓咪會互相分享睡覺地點

在多貓家庭裡，有時會看到好幾隻貓咪會擠在一起睡覺，這是因為牠們覺得其他貓咪應該會幫牠們注意周圍的情況，於是便跑來投靠對方。不過，其他隻貓咪應該也是抱持著同樣的想法，所以通常這些給人飼養的貓咪都會一起呼呼大睡。

貓咪一起睡覺是彼此氣味相投的證據，代表牠們認為可以把自己心愛的睡覺地點分享給對方。

監修

茂木千恵

山崎動物護理大學（動物臨床行為研究室）副教授。獸醫師、博士（獸醫）。日本動物護理學會、日本獸醫動物行動研究會成員。除了在大學的教育活動，也從事犬貓問題行為的治療輔導、問題行為防治的調查研究等等。

荒川真希

山崎動物護理大學（動物臨床營養教育學研究室）助教。認定動物護理師、碩士（獸醫保健護理學）、寵物營養管理師。日本動物看護學會常務理事。日本寵物營養學會成員。取得CATvocate合格證書。以營養學的角度，側面研究貓咪泌尿器官疾病的預防，進行動物護理學的實踐教育。

設計　橫田洋子
插畫　深尾竜騎
DTP　伊大知桂子
協力　西依三樹（p.80～82）　株式会社ペティオ（p.143）
取材・文字　溝口弘美、伊藤英理子
責任編輯　松本可絵（主婦の友社）

參考文獻　『ネコの気持ちと飼い方がわかる本』（主婦の友社）
※ 由於動物存在個體差異，內容可能不適用於所有貓。

貓咪這樣生活好幸福

出　　版／楓葉社文化事業有限公司
地　　址／新北市板橋區信義路163巷3號10樓
郵政劃撥／19907596 楓書坊文化出版社
網　　址／www.maplebook.com.tw
電　　話／02-2957-6096
傳　　真／02-2957-6435
監　　修／茂木千惠、荒川真希
翻　　譯／胡毓華
責任編輯／王綺
內文排版／洪浩剛
校　　對／邱怡嘉
港澳經銷／泛華發行代理有限公司
定　　價／350元
初版日期／2022年9月

國家圖書館出版品預行編目資料

貓咪這樣生活好幸福 / 茂木千惠, 荒川真希監修 ; 胡毓華譯. -- 初版. -- 新北市 : 楓葉社文化事業有限公司, 2022.09　面 ;　公分
ISBN 978-986-370-448-5（平裝）
1. 貓　2. 寵物飼養
437.364　　111010539